U0334328

含珊瑚碎屑地层防渗止水系统施工质量检测方法研究与实践

阳吉宝　王明龙　潘良鹄　栗新　董琪　著

同济大学 出版社
TONGJI UNIVERSITY PRESS
·上海·

图书在版编目(CIP)数据

含珊瑚碎屑地层防渗止水系统施工质量检测方法研究
与实践 / 阳吉宝等著. -- 上海：同济大学出版社，
2022.11
（珊瑚碎屑及珊瑚礁岩防渗止水系统研究）
ISBN 978-7-5765-0215-2

Ⅰ. ①含…　Ⅱ. ①阳…　Ⅲ. ①深基坑-防渗工程-研
究　Ⅳ. ①TU46

中国版本图书馆 CIP 数据核字(2022)第 074918 号

含珊瑚碎屑地层防渗止水系统施工质量检测方法研究与实践

阳吉宝　王明龙　潘良鹄　栗　新　董　琪　**著**

责任编辑　李　杰　　**责任校对**　徐春莲　　**封面设计**　张　微

出版发行　同济大学出版社　　　　www.tongjipress.com.cn
　　　　　　（地址：上海市四平路 1239 号　邮编：200092　电话：021-65985622）
经　　销　全国各地新华书店
排　　版　南京月叶图文制作有限公司
印　　刷　江阴市机关印刷服务有限公司
开　　本　889mm×1194mm　1/16
印　　张　10.5
字　　数　336 000
版　　次　2022 年 11 月第 1 版
印　　次　2022 年 11 月第 1 次印刷
书　　号　ISBN 978-7-5765-0215-2

定　　价　128.00 元

前　言

含珊瑚碎屑及珊瑚礁岩地层在我国南海海域有着广泛的分布。随着南海诸岛的开发、城市建设和国防工程建设的发展，尤其是近十几年来对南海石油资源的勘探和开采以及岛礁旅游业的开发，岛礁利用和城市化建设等海上现代化工程数量将日趋增多，规模也将更大。而珊瑚礁地区地下水丰富，地层分布不均匀，深基坑及基础工程的施工问题，特别是入岩深基坑防渗止水施工问题将更加凸显，施工质量检测也成为亟待解决的难点问题。现有的大量基坑工程经验表明，搅拌桩法应用于基坑防渗止水帷幕施工十分经济有效，在国内外均有广泛应用。但由于目前我国在珊瑚礁地区对场地工程地质条件的勘察研究较少，尚没有列入国家规范，含珊瑚碎屑及珊瑚礁岩地层的工程力学特征、基岩面形状对搅拌桩施工的影响，以及搅拌桩施工质量、止水效果检测方法等问题尚待进一步探讨。因此，开展对含珊瑚碎屑和珊瑚礁岩地层搅拌桩施工质量、止水效果检测方法的试验与理论研究，对于指导珊瑚礁岩实际工程的设计、施工质量控制与检测，确保岛礁地区搅拌桩防渗止水施工质量和工程建设项目的安全具有十分重要的意义。

应工程设计与施工需要，海军研究院海防工程设计研究所于 2008 年就立项开展海南省临海地区"珊瑚碎屑及珊瑚礁岩防渗止水系统研究"。研究工作以海南省临海地区入岩深基坑设计与施工关键技术研究为主要目的，以临海地区具有类似的地质地层条件的基坑工程的防渗止水问题为研究内容，从场地的地形和地貌、地质条件、基坑特点等方面开展研究分析，主要研究解决入岩深基坑的设计选型问题，施工工序、工艺选择，确定施工、检测方案与要求，最后对某待建工程基坑提出设计与施工方案，分析基坑边坡稳定性，明确施工工艺、质量控制、检测方法等内容和具体操作要求。

为顺利完成科研项目，指导拟建工程的设计与施工，控制和检测防渗止水系统的施工质量，选择采用相同施工工艺、类似地质条件的海南文昌卫星发射基地 1#、2# 工位的入岩深基坑为工程试验案例，以积累理论研究和实际工程经验，为三亚基地某入岩深大基坑设计、施工工艺比选、施工质量控制与检测创造条件。基于上述目的，由上海市政工程设计研究总院（集团）有限公司牵头，联合上海市民防地基勘察院有限公司和海军研究院海防工程设计研究所，自 2010 年 10 月开始参与位于海南文昌卫星发射基地的建设项目的施工质量检测工作。先后对 078 基地 501# 建筑、502# 建筑、1# 工位、2# 工位的基坑工程搅拌桩施工质量进行检测与分析，以便编制三亚基地某基坑施工质量控制和检测大纲。在此基础上，对三亚基地某基坑施工质量与防渗止水效果进行检测，实时、分阶段、全过程提供技术咨询，确保了该基坑施工项目的安全和顺利实施，为在本区域类似地质条件下以三轴搅拌桩加高压旋喷桩为主要施工工艺的防渗止水体系积累了施工质量检测方法理论研究和工程实践的经验，并以此为基础撰写本书。

本书内容共分 7 章。第 1 章为绪论，概述本书的研究初衷、研究现状、主要研究方法和研究内容；

第2章主要介绍区域和场地地质条件，以及对搅拌桩、高压旋喷桩施工质量的影响，说明基坑工程概况和止水帷幕设计方案，以及对施工质量的检测要求；第3章主要讨论止水帷幕施工的关键技术，对施工工艺和施工重难点、施工常常发生的问题和施工质量检测要求等进行详细分析，以便有针对性地选择检测方法；第4章研究防渗止水系统检测的目的、方法和基本原理，介绍具体的检测方法和技术手段，提出检测方案；第5章是本书的重点和主要内容，介绍检测过程和主要成果、检测成果分析以及防渗止水体系施工质量评判；第6章介绍基坑开挖过程和基坑渗漏监测情况，对比分析检测预报和监测结果的相符性；第7章是结论与展望，介绍本书的主要研究结论和创新点，展望本研究成果的推广应用前景。

　　本书第1章、第7章由阳吉宝［上海市政工程设计研究总院（集团）有限公司教授级高级工程师］撰写，第4章、第5章、第6章由阳吉宝和栗新（上海市建工设计研究总院有限公司教授级高级工程师）共同撰写；第2章由潘良鹄、董琪（海军研究院海防工程设计研究所高级工程师）共同撰写；第3章由王明龙（上海市民防地基勘察院有限公司高级工程师）撰写。最后由阳吉宝对全书进行统稿。

　　在课题研究过程中，申报并获得授权一项发明专利《一种垂直复合帷幕体施工质量检测方法》（专利号：ZL201510260196.2），以此为基础开展对三亚基地某基坑施工质量检测工作，并获得较好的检测效果。目前，类似的检测工程案例较少，为进一步推广应用本检测方法，特撰写本专著。"珊瑚碎屑及珊瑚礁岩防渗止水系统研究"科研小组希望本书的出版能对类似地质条件或类似工程的施工质量控制和检测有一定的参考价值和指导作用。

著　者
2022 年 10 月

目　录

1 绪 论

1.1 问题的提出

面对日益紧张的南海局势,为加强我国国防建设,提高我国远海防卫作战能力,我国决定在海南三亚某临海地区修建大型船坞。该船坞建设场地位于剥蚀残山—海湾沉积过渡的海岸地貌,面向大海,建筑物纵轴垂直于海岸,一部分进入大海,大部分嵌入海岸。根据现场勘察钻孔揭露,场地岩土体从上到下可分为 4 大层 13 亚层,第一大层为珊瑚碎屑、珊瑚礁灰岩,埋深从地表到地下 15 m;第二大层为粉质黏土和粉细砂,埋深 7~47 m;第三大层为强风化到中风化石英砂岩,埋深 3~54 m;第四大层为强风化、中风化到微风化的花岗岩,埋深从地表到地下 57 m。从整个场地地层特征分析,场区岩土工程条件复杂,岩土种类多,特殊性岩土(珊瑚碎屑、珊瑚礁灰岩和黏土质蚀变岩)分布广泛,基岩埋深变化大,同时处在两种岩性接触交错部位。

本工程因体量大、施工周期长,基坑开挖要进入基岩,揭露基岩与上覆土体,特别是强渗透性的基岩面附近的交界面对本基坑渗透稳定性影响较大;同时,本工程属性重要,为确保施工安全,拟采用围堰内干施工,这样就必须施工基坑的防渗止水帷幕体。根据场地地层的地质特征,并在总结已在类似地层环境下成功实施基坑围护体设计与施工工程案例的基础上,提出本基坑围护体结构型式,拟采用三轴搅拌桩加高压旋喷桩组合结构体,即基岩面以上采用三轴搅拌桩,用高压旋喷桩对上覆土体与基岩交接面进行加固。防渗止水帷幕体设计方案、施工方案确定以后,如何对围护结构体的施工质量进行检测是亟待解决的难题。

由于过去临海地区大型工程建设项目不多,入岩深基坑工程则更少,加之本围护体采用的三轴搅拌桩加高压旋喷桩的围护结构型式是首次应用于临海地区的新工法,缺乏相应的施工经验,更缺乏相对成熟的施工质量检测技术。所以,必须开展类似地层条件下防渗止水帷幕体施工质量检测方法的比选研究,结合场地地质条件和施工工艺特点,优选出针对性强、技术相对成熟且设备仪器易得、造价经济合理的检测方法。在科学、安全、经济、可行的前提下,解决设计方案实施涉及的施工质量检测技术难题。

为此,本书主要研究在临海含珊瑚礁碎屑地层的地质条件下,采用三轴搅拌桩加高压旋喷桩围护结构体施工质量的检测方法,详细介绍具体实施方案、检测成果分析和施工质量综合评判,为三亚某基地船坞建设工程顺利实施保驾护航,为类似工程提供参考案例。

1.2 研究现状

基坑止水帷幕施工质量检测是确保止水帷幕防渗止水效果、保护基坑周边环境避免因基坑围护体渗流地下水而破坏的重要技术手段。目前,对止水帷幕止水效果采取的常规检测方法主要有钻孔取芯法、抽水试验法和压水试验法等[1-3]。

　　钻孔取芯法是采用钻机在止水帷幕体上钻孔取芯获得连续采芯土样,并通过对土样连续性、完整性、均匀性等观察、描述以及室内渗透试验、强度试验等手段进行检测,以评判止水帷幕体的施工质量和防渗止水效果[1],这是一种通过检测止水帷幕体的完整性和强度来反映、检测止水效果的间接检测方法。

　　抽水试验是对止水帷幕止水效果最直接的检测方法[3]。最佳的抽水试验方法是在基坑内布置多个抽水孔,使基坑内水位整体下降,通过观测沿基坑边布置的内、外观测孔的水位变化情况判断止水帷幕的止水效果[4]。然而,该方法试验周期长、成本高,不便于大范围推广使用,对于面积大的基坑也不太适合采用。但对于重要工程,或周边环境特别复杂、一旦发生事故将带来较大损失的安全等级高的基坑,应采用提前预降水的方式以检验基坑止水帷幕的止水效果。对于面积大的基坑,可以采用局部抽水试验的方法进行止水效果检测评价[3]。

　　压水试验最早被用来进行水利工程的水文地质条件勘察,特别是水库渗漏问题的勘察、评价,是一种现场原位试验方法[5-6]。对于基坑防渗止水问题,压水试验法是检测基坑止水帷幕止水效果的直接方法[2]。相对于抽水试验,压水试验检测的是止水帷幕局部点位的止水效果,通过钻孔可从止水帷幕体顶部到端部分段进行压水试验,根据压水试验水头下降来计算止水帷幕的渗透系数,以检测止水帷幕体在该部位的止水效果。

　　随着科技进步与发展,对于搅拌桩和高压旋喷桩组合止水帷幕体施工质量检测还有很多新方法,如高密度电阻率法、地质雷达法、同位素示踪法、声呐法等。

　　高密度电阻率法利用水的流动对地层电阻率分布的影响,在同一剖面上测量不同位置和深度的土体电阻率,分析电阻率分布规律的异常,即可确定地层中的渗漏位置与规模[7-25]。瞬变电磁法通过不接地回线向地下反射一次脉冲磁场,地下低阻介值产生感应涡流并在衰减中产生二次磁场传至地面回线;通过对地面接收的二次磁场空间分布规律研究,判别出渗漏位置[26]。

　　地质雷达法利用高频电磁波以宽频带短脉冲的形式,通过天线发射入地下,经过地层差异性反射,再由地面的另一天线接收,对接收的信号进行处理分析,可知地下介质的空间结构情况并判断出渗漏的位置[27-31]。

　　同位素示踪法将利用放射性同位素制作的示踪液投入待检测区域水中,若附近存在渗漏点,示踪液会随着水体流动,在渗漏点附近集中并被附近土体吸附,通过核探测器检查附近的核辐射量即可判断出渗漏点位置及规模[32-34]。温度示踪法认为地层的温度随着深度的增加呈规律性变化,但渗漏引起的水流变化会引起温度场异常,通过在一定位置钻孔并埋设光纤测量地层温度,即可根据温度分布异常判断出渗漏点位置[35-39]。

　　声呐法利用声波在水体中传播的方向特性,若其与水体流动方向相同则传播速度加快,若相反则会减慢。通过采集地层中的声波信号进行处理即可得到土体中的渗流场分布,并进一步分析出渗漏点的位置及规模[40-42]。此方法轻便、高效、精确,且经济性较好,能够很好地应用于各种规模工程的渗漏检测。

　　波速测试作为地基土动力特性测试项目之一,是一种快速、准确的原位测试技术。波速测试常用的方法有单孔法、跨孔法和面波法[43]。单孔法测试深度较小;面波法设备复杂,现场工作时间较长,数据处理较复杂;跨孔法可测深度较大,精度较高,因此适用范围较广。

　　跨孔波速测试利用两个钻孔,其中一个作为发射孔,另一个作为接收孔。试验时将超声波发射探头和接收探头同时放进预钻孔内。从发射孔内震源激发的波经两孔之间传播到接收孔,被孔中检波器接收,然后计算出波行走的时间,即可求得波速。某工程实例表明,垂直复合止水帷幕的波速在 1 500~2 500 m/s,原土波速在 550~1 100 m/s,具有较明显的波速差异,显然垂直复合止水帷幕的波阻抗远大于桩周土的波阻抗。

　　声波在钻孔孔间介质中传播,其传播速度与许多因素有关,当钻孔间存在一定规模的非均匀体时,由于透射和绕射,声波的旅行时间(即走时)相对于在纯介质中会增加或减少,据此可检测垂直复合止水帷幕的质量。

夏唐代、林水珍等[44]利用跨孔波速法和瞬态瑞雷波法对某大坝防渗墙质量进行了检测。经过实测证明,跨孔波速法与瞬态瑞雷波法相结合可准确检测防渗墙的质量,并且可降低大量的检测费用。

经过对比分析研究,各种检测方法在检测效果、经济性、合理性和工期上均有较大差别,目前常用的检测方法如表1-1所列。

表1-1 检测方法对比

检测方法	有效性(适用性)	经济性	工期
低应变反射波法	检测灌注桩和预制桩的桩身完整性,判定桩身缺陷的程度及位置;有效性差	检测费用低	检测速度快
高密度电阻率法	探测地层隐患;有效性较好	检测费用低	检测速度快
瞬态瑞雷波法	探测地下掩体和空穴,检测复合地基加固效果;有效性较好	检测费用低	检测速度快
地质雷达法	检测不同岩层的深度和厚度;有效性较好	检测费用高	检测速度慢
声呐法	主要用于水利大坝工程渗漏点检测,要对比分析三维渗流场分布规律,检测分析程序相对复杂;有效性较好	检测费用高	检测速度慢
跨孔波速法	检测软基处理效果、采空区治理效果、评价岩体工程性质,适用范围广,检测深度不受限制;有效性好	检测费用高	检测速度慢

相比较而言,在现有的各种检测方法中,跨孔波速层析法(也称声波CT法)虽然检测费用高,工作周期较长,但不失为一种检测效果好、分析相对简单、针对基坑止水帷幕可在基坑开挖前实施的检测方法。跨孔波速法测试之前需要钻孔,可利用钻孔取出的土样直观判断垂直复合止水帷幕的施工质量,特别是水泥搅拌桩和高压旋喷桩接合面处的施工质量。通过测试从震源激发的声波在土层中的传播时间,可直接得到土层的剪切波速,从而可以检测垂直复合止水帷幕的桩体完整性。近几年发展迅速并得到广泛推广使用的声波CT法,对基坑止水帷幕施工质量检测能起到全周长、全断面、封闭式的检测效果。经分析比较后,声波CT法具有测试深度大、精度高、适用范围广等优点,可用于垂直复合止水帷幕的质量检测。

本课题研究小组在研究过程中,申报并获得授权发明专利《一种垂直复合止水帷幕体施工质量检测方法》(专利号:ZL201510260196.2)一项(图1-1),以此为基础开展对三亚基地某基坑防渗止水帷幕施工质量检测工作,使该项技术发明走向实际工程应用。

图1-1 发明专利《一种垂直复合止水帷幕体施工质量检测方法》

1.3 检测工作的重点、难点问题

本书主要研究解决临海含珊瑚礁碎屑及珊瑚礁灰岩地层的止水帷幕止水效果的检测问题。为此,在确定采用声波 CT 法检测止水帷幕施工质量后,必须事前分析检测工作的重点、难点问题。

1.3.1 场地工程地质条件研究

临海含珊瑚礁碎屑及珊瑚礁灰岩地层从岩土层特征来说,有两个显著特点,一是因基岩面起伏较大而使上覆土体厚度变化较大;二是基岩面上覆土体成分变异较大。目前对土层的物理力学性质研究大多只是研究土层的承载力,而对类似地层以止水防渗施工为主要目的的地层工程特性研究不足,对地层特征所引起的施工难度和对施工质量影响的研究还是空白,对止水效果检测的研究更是无从谈起。施工质量检测方案如何反映地层特征是检测工作的难点之一。

1.3.2 施工质量检测评价标准

目前基坑工程规范对围护体施工质量的检测方法有规定,但针对性较差。常用的钻孔取芯方法只能以点带面地检测,不能充分反映防渗止水帷幕体的整体施工质量。所以,对施工质量检测方法的研究不仅关系到施工质量问题,还关系到施工质量评价和处理问题。目前虽然可采用《岩土工程勘察规范》(GB 50021—2001)(2009 年版)、《超声法检测混凝土缺陷技术规程》(CECS 21—2000)、《浅层地震勘查技术规范》(DZ/T 0170—2020)、《水利水电工程勘探规程 第 1 部分:物探》(SL/T 291.1—2021)等规范、规程进行检测,但对于采用这种新方法进行检测还没有专门条款可以依据,工程实际案例较少,经验值或背景值取值依据不充分,这些均会影响检测标准的划分和检测结果的评判。

1.3.3 设计、施工方案的针对性

在设计基坑防渗止水帷幕体方案时,应考虑施工的技术要求,但目前只是机械地引用已有的规范要求,因对临海地区地层特征研究较少,施工参数和施工技术措施没有针对性,适应性较差。

本基坑防渗止水帷幕围护体结构型式拟采用三轴搅拌桩加高压旋喷桩垂向组合结构体,即基岩面以上采用三轴搅拌桩,用高压旋喷桩对上覆土体与基岩交接面进行加固。这样就必须研究确定这种基坑围护型式是否适合本场地的地层地质条件,施工是否可行,在含珊瑚碎屑地层进行三轴搅拌桩施工是否可行,高压旋喷桩对基岩面起伏较大的地层施工适应性如何,这些因素均会影响工后围护体施工质量能否达到设计要求。

因类似工程实例极少见,根据场地地层地质特征进行场地施工难度预测的研究近乎空白。针对场地地层条件,如何进行设备选型和采取必要的施工技术措施,这方面的研究也未见报道。所以,应结合设计、施工方案要求,有针对性地编制检测方案,这样才能检验设计方案的合理性,检测施工质量的好坏。

1.3.4 施工质量检测的重点

1. 地质条件变化处

在地质条件平面、剖面变化处,必须设置检测孔,加密检测间距,查明地质条件变化对施工质量的影响。特别是场地上部坡积、风化堆积层和珊瑚礁沉积层与基岩交接面,地层厚度突变处等。

2. 结构边界、转折点

基坑围护体一般情况下是按照结构体外轮廓进行布置的,检测孔也是沿着基坑围护体的轮廓在围护结构体上进行布置,在围护结构体的转折点必须布孔,在围护体边界上的布孔间距必须满足检测精度要求。

3. 施工工艺、施工参数变化处

本基坑陆域地区的防渗止水帷幕采用三轴搅拌桩与高压旋喷桩的组合形式,施工工艺变化处应加密检测间距;在同一施工工艺条件下,施工参数发生变化的部位也应加密检测间距,以评价施工工艺、施工参数变化对施工质量所产生的影响。

4. 合理确定检测参数

检测参数主要包括检测孔孔深、检测孔间距、检测点间距和检测波速背景值等。

检测孔孔深需要根据止水帷幕体的桩长、进入基岩体的深度要求来确定。由于基岩面起伏比较大,为有效检测基岩面以上止水帷幕体的防渗效果,一般要求检测孔孔底进入基岩面下5 m。

检测孔、检测点间距的合理确定既要考虑地质条件变化、围护体结构边界和转折点、施工工艺和施工参数变化等因素,又要考虑检测方法本身的技术能力与精度。合理确定检测孔、检测点间距,要在大量理论研究和工程实践经验基础上,经过分析总结、比较优化、再应用再总结等不断探索,才能获得较为合理的设计方案。显然,目前只是初步尝试,远远不能达到最优方案的要求。

检测波速背景值的确定也是难点之一,搅拌桩加固体波速可以通过采集不同地层土质条件、不同加固设计参数下的试样进行室内土样、原位波速测试后统计分析而得。这是本项目研究工作的难点,也是重点,只有合理确定波速背景值,才能给出合理、切合实际的施工质量判断。

1.4　研究方法与内容

1.4.1　研究方法

本书以施工质量检测方法比选、检测方案设计和检测工作实施为重点和主要内容,以确保陆域基坑围护体在防渗止水上的安全可靠性。

在研究方法上,通过收集、分析和总结国内外有关类似地区基坑工程防渗止水帷幕施工质量检测研究的新理论、新方法、新成果,特别重点收集和研究海南岛地区基坑工程的设计、施工与检测案例,比选出有针对性的、适用性强的检测方法。在对拟建工程场地的工程地质勘察报告进行深入研究的基础上,结合本项目的设计方案,进一步分析施工工艺、施工参数等对防渗止水效果的影响,并通过室内试验和现场原位测试,获得场地地层的施工土样声波力学性质参数。最后,在详细研究场地地质特征、施工工艺、施工参数和设计技术要求的基础上,编制防渗止水帷幕施工质量检测方案和实施大纲。

对于防渗止水帷幕体施工质量检测,主要参考成熟的检测方法,结合多种方法的优势,寻找有效、合理、可靠的检测方法,而不是以检测费用、工期为取舍标准。

在检测方案实施过程中,先进行局部初步试验,对初试结果及时进行分析、总结,并根据初试结果对原检测方案进行优化,再试验,最后,在获得较为合理的结果的基础上确定检测方案,确保检测工作的顺利实施并获得圆满结果。

1.4.2　研究内容

1. 场地地质条件研究

通过大量阅读文献,总结国内外珊瑚礁(砂)的研究现状,对其成因与分布、物理性质、力学性质、珊瑚礁(砂)的工程应用进行详细的阐述;结合场地工程地质勘察报告,对场地岩土层分布,岩土体物质组成、力学指标、渗透性和工程特性进行详细分析,为防渗止水系统设计和施工方案编制提供地质技术支撑。

2. 基坑工程陆域围护设计方案和施工方案研究

为有效实施基坑防渗止水系统施工质量检测,充分掌握、理解防渗止水系统设计方案、施工组织设计是必要的基础条件。针对场地地质条件、周边环境和基坑开挖深度,分析基坑防渗止水系统设计的合理性、科学性和可行性,了解防渗止水系统检测的设计要求,分析施工工艺、施工参数设计的合理性,明确检测的重点区域和工作重点。

3. 基坑防渗止水系统检测方案编制研究

首先对声波 CT(层析成像技术)进行详细的理论介绍,接着分析研究检测方案的具体编制问题。因为采用声波 CT 对防渗止水系统进行大范围检测还缺乏先例可循,如何合理确定检测孔、检测点间距,如何确定声波波速背景值等问题均有待探索;检测方案如何体现场地地质条件、基坑围护设计特征,如何反映施工工艺和施工参数变化,既要保证检测方案的合理性和有效性,又要体现经济性和可行性,为类似大型止水帷幕系统的止水效果检测探索出经济、科学的检测方法和可靠的检测设计方案。

4. 基坑防渗止水系统施工质量检测具体实施技术要求研究

根据声波 CT 检测的具体步骤,对每个具体环节提出技术要求。包括:①检测孔成孔的技术要求;②声波 CT 成像检测的技术要求;③检测成果分析的技术要求;④综合成果提交的技术要求。

5. 基坑工程施工质量与稳定性综合评价

在基坑围护体施工和基础工程施工期间,基坑围护体防渗止水效果的监测工作成果是评价基坑围护体施工质量的第一手资料。对这些监测成果的分析可以给出实事求是的综合评价。同时,这也是检验防渗止水效果检测方法和实施方案合理、可靠的唯一标准。在具体操作过程中不断积累经验、吸取教训是完善、推广应用声波 CT 检测技术不可或缺的成长过程。

2 工程概况

2.1 区域地质条件

2.1.1 地理位置与区域地形、地貌

2.1.1.1 海南省地理位置及地形、地貌

1. 地理位置

海南岛属于热带海岛,北面与雷州半岛相望,地处东经 $108°36'43''\sim111°2'31''$、北纬 $18°10'04''\sim20°9'40''$。

海南省位于中国最南端,北以琼州海峡与广东省划界,西临北部湾与广西壮族自治区和越南相对,东濒南海与台湾省相望,东南和南边在南海中与菲律宾、文莱和马来西亚为邻。

海南省的管辖范围包括海南岛、西沙群岛、中沙群岛、南沙群岛的岛礁及其海域,是我国面积最大的省。全省陆地(主要包括海南岛和西沙、中沙、南沙群岛)总面积 3.54 万 km^2(其中海南岛陆地面积 3.39 万 km^2),海域面积约 200 万 km^2。

2. 地形与地貌

(1)地形与地貌概述

海南岛四周低平,中间高耸,以五指山、鹦哥岭为隆起核心,向外围逐级下降,由山地、丘陵、台地、平原构成环形层状地貌,梯级结构明显。山地和丘陵是海南岛地貌的核心,占全岛面积的 38.7%,山地主要分布在岛中部偏南地区,丘陵主要分布在岛内陆和西北、西南等地区。在山地丘陵周围,广泛分布着宽窄不一的台地和阶地,占全岛总面积的 49.5%。环岛多为滨海平原,占全岛总面积的 11.2%。西沙、南沙、中沙群岛地势较低平,一般在海拔 $4\sim5$ m。海南岛形似一个呈东北至西南向的椭圆形大雪梨,东北至西南长约 200 km。西北至东南宽约 180 km,总面积(不包括卫星岛)3.39 万 km^2,是我国仅次于台湾岛的第二大岛。环岛海岸线长 1 528 km,有大小港湾 68 个,周围 -5 m 至 -10 m 的等深地区达 2 330.55 km^2,相当于陆地面积的 6.8%。海南岛热带面积占全国热带总面积的 42.4%。

在地区分布上,琼北有文昌海积平原,琼西北有王五—加来海积阶地平原,琼南有琼海—万宁沿海平原和陵水—榆林沿海平原,琼西南有南罗—九所滨海平原。南海诸岛地形具有面积小、地势低的特点,其中以西沙群岛的永兴岛面积较大,计 1.8 km^2,其余都在 1 km^2 以内,最高的西沙群岛石岛海拔也不过 $12\sim15$ m,其余一般都只高出海平面 $4\sim5$ m。此外还有一群暗沙—水表岛屿。海南岛北与广东雷州半岛相隔的琼州海峡宽约 18 海里(1 海里 $\approx$ 1 852 m),是海南岛与大陆之间的"海上走廊",也是北部湾与南海之间的海运通道。从岛北的海口市至越南的海防仅约 220 海里,从岛南的榆林港至菲律宾的马尼拉航程约 650 海里。西沙群岛和中沙群岛在海南岛东南面约300 km 的南海海面上。中沙群岛大部分淹没于水下,仅黄岩岛露出水面。西沙群岛有岛屿 22 座,陆地面积 8 km^2。南沙群岛位于南海的南部,是分布最广,暗礁、暗沙、暗滩最多的一组群岛,陆地面积仅2 km^2,其中曾母暗沙是我国

最南的领土,南海诸岛是太平洋与印度洋之间交通的必经之地,在国际海运航线上具有重要的战略地位。

（2）地貌分区和分类

地貌区是根据岛内地貌的宏观差别,即区域地貌的综合特征来划分的,它受宏观的新构造运动格局和影响新构造条件的大地构造基础控制。海南岛全境可划分为两个地貌区,即北部台地平原区和南部山地丘陵区,其分区界线大部分为区域性断裂,这些区域性断裂有的是一级大地构造单元界线,有的则是二、三级构造单元界线,其两侧新构造升降情况或幅度不同,从而造成了地貌宏观特征的差异。

地貌亚区是在地貌区内根据区域地貌的具体差异来划分的次一级地貌,其划分的依据为:在山地、台地和丘陵区为区域性断裂,两侧为不同升降幅度所控制的切割深度不一的山地、台地、丘陵和山间盆地;平原为不同的新构造沉降幅度和河流堆积强度所造成的区域性地貌以及残留的丘陵区。在全岛的两个陆地地貌区内共可划分出 14 个地貌亚区(图 2-1)。

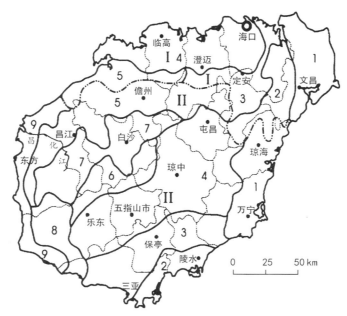

图 2-1　海南岛陆地地貌分区图(据袁建平,2006)

海南岛北部台地平原区:①文昌海积平原区;②云龙—蓬莱—大路熔岩台地区;③南渡江中下游河谷平原区;④永兴—临高熔岩台地区;⑤王五—加来海积阶地平原区。海南岛南部山地丘陵区:①琼海—万宁沿海平原变质岩残丘区;②陵水—榆林沿海平原变质岩山地丘陵区;③吊罗山—同安岭岩浆岩山地丘陵区;④琼中混合花岗岩山地丘陵区;⑤儋州—昌江花岗岩变质岩丘陵台地区;⑥海南岛中部红层地貌区;⑦坝王岭—南高岭变质岩花岗岩山地丘陵区;⑧尖峰岭—牛腊岭岩浆岩山地丘陵区;⑨西部第四纪滨海平原区。

综上所述,海南岛地貌主要由山地、丘陵、台地、平原构成环形层状地貌,山地和丘陵是海南岛地貌的核心。全境从宏观上可划分为两个地貌区,即北部台地平原区和南部山地丘陵区。在全岛的两个陆地地貌区内共可划分出 14 个地貌亚区,其中,北部台地平原区可划分 5 个地貌亚区,南部山地丘陵区可划分为 9 个地貌亚区。

2.1.1.2　三亚市及某基地区域地貌

三亚市是中国最南端的城市,是中国唯一的国际化热带滨海旅游城市,位于 18°09′N～18°37′N、108°56′E～109°48′E,东邻陵水县,西接乐东县,北毗保亭县,南临南海。全市面积 1 919.58 km²,其中规划市区面积 37 km²。全境北靠高山,南临大海,地势自北向南逐渐倾斜,形成一个狭长状的多角形。境内海岸线长 209.1 km,有大小港湾 19 个。主要港口有三亚港、榆林港、南山港、铁炉港、六道港等。主要海湾有三亚湾、海棠湾、亚龙湾、崖州湾、大东海湾、月亮湾等。有大小岛屿 40 个,主要岛屿 10 个,面积较大的有西瑁洲岛(2.12 km²)和蜈支洲岛(1.05 km²)。

地形构成为山地占 33.4%,丘陵占 26.2%,台地占 15.5%,谷地占 2.6%,阶地平原占 23.3%。全市成土母岩母质以花岗岩、砂页岩和安山岩为主,花岗岩占 56.6%,砂页岩占 13.2%,安山岩占 14.4%,浅海沉积占 9.8%,河流冲积占 3.7%,湾海沉积占 2.3%。东西长 91.6 km,南北宽 51.75 km。自东向西由福万岭—黄岭—云梦山连成一条横向小系,将南部沿海丘陵、台地、平原和北部的山地分开。南部由自北向南的鹿回岭—田岸后大岭—海圯岭—牙龙岭和荔枝岭—塔岭两条山系分成三域。全市形成北部山地,东部平原,南部平原、丘陵,西部丘陵、平原 4 个地块。

三亚某基地属于剥蚀残山—海湾沉积过渡的海岸地貌,剥蚀残山、海岸悬崖、不规则滨海平原和海滩潮间带等地貌单元均有分布。其地形较平坦,微向海倾,是全新世以来随着海平面震荡下降、潟湖消亡逐渐形成的不规则小规模滨海平原,高程变化在 2~5 m。村前海湾海底地形可分为两个区域,大致以 -7 m 海水等深线为界,-7 m 线以内浅区域由于受到珊瑚礁发育的影响,海底地形变化较剧烈,坡度在 1:25~1:20,-7 m 线以外区域海底地形变化逐渐平缓,坡度约 1:100。

本工程位于海南省三亚榆林外港内村和六道角附近,围堰跨越内村村庄和村前海湾区域,舾装码头位于六道角附近海域。

本工程所在区域在六道角附近,海滩见有大片的珊瑚礁石出露;近岸附近海底地形变化剧烈,在由岸边向海里延伸的 80 m 范围内,海底地形高程由 0 m 变为 -12 m;距离岸边 80 m 以外的工程区域,海底地形相对平缓,在长度约 400 m 范围内,高程变化在 -12~-16 m 之间,海底坡度约 1%。

2.1.2 区域地层与地质构造

2.1.2.1 海南省地层与地质构造

1. 海南省地层

海南省地层发育较全,自中元古界长城系至第四系,除缺失蓟县系、泥盆系及侏罗系外,其他地层均有分布。海南省地层清理研究成果(海南省岩石地层,1997)提出采用岩石地层单位(含火山岩地层)58 个。1:50 000 和乐幅、博鳌港幅、中原市幅区域地质调查新建寒武纪美子林组,共 59 个正式岩石地层单位。综合地层分区为:九所—陵水断裂以北属华南地层大区的东南地层区,其中九所—陵水断裂与王五—文教断裂之间为五指山地层分区,王五—文教断裂以北为雷琼地层分区的海口地层小区;九所—陵水断裂以南为南海地层大区,其中海南岛的陆地部分为三亚地层区,包括西沙群岛、南沙群岛在内的广大海域。由于地层工作程度和研究程度较低,未作进一步划分,其中近岸大陆架的莺歌海盆地由于石油天然气勘察而对第三纪地层进行了详细划分。

(1)元古界

海南省内仅发育中、新元古界,以中浅变质的砂泥质岩石为主,次为火山岩及碳酸盐岩。自下而上分为中元古界长城系抱板群,新元古界青白口系石碌群,震旦系石灰顶组,缺失蓟县系。

(2)下古生界

广泛分布于三亚地层区及五指山地层分区。其中三亚地层区以碎屑岩、碳酸盐岩为主,少量硅质岩及磷矿层。计有 8 个岩石地层单位,即寒武纪孟月岭组、大茅组,奥陶纪大葵组、牙花组、沙塘组、榆红组、尖岭组及干沟村组,缺失志留纪地层。五指山地层分区以具复理石韵律结构的粉砂泥质岩为主,少量砂岩、碳酸盐岩、酸性及基性火山岩等,计有 7 个岩石地层单位,即寒武纪美子林组,奥陶纪南碧沟组,志留纪陀烈组、空列村组、大干村组、靠亲山组及足赛岭组。

（3）上古生界

仅分布于五指山地层分区。缺失泥盆系，只有石炭纪、二叠纪地层。

（4）中生界

中生界仅出露下三叠统及白垩系，缺失侏罗纪沉积地层，为陆相碎屑岩、泥质岩及火山岩沉积。

（5）新生界

第三纪地层主要分布在海口地层小区。五指山地层分区见于琼东北的长昌盆地及琼西南沿海地区，三亚地层分区分布于南部沿海。此外，南海地层大区的莺歌海盆地第三纪地层也比较发育。

海口地层小区由于受雷琼断陷盆地控制，第三纪地层发育齐全，且厚度巨大，隐伏分布于琼北广大地区，共有 8 个岩石地层单位，其中老第三纪长流组、流沙港组及涠洲组为陆相碎屑岩夹基性火山岩沉积，新第三纪为碎屑岩夹基性火山岩、偶夹碳酸盐岩沉积的海相地层。岩石地层单位有下洋组、角尾组、灯楼角组、海口组。此外，海口地层小区的西南部有小面积的陆相煤系地层，为中新世长坡组。

五指山地层分区及三亚地层区共有 7 个岩石地层单位。其中老第三纪有昌头组、长昌组、瓦窑组，分布在琼东北的长昌盆地、琼西南白沙—乐东盆地的西南部局部地区，为陆相碎屑岩、油质页岩、褐煤沉积。新第三纪分布在海南岛西南沿海地区，岩石地层单位有佛罗组及望楼港组，属海相碎屑岩沉积。琼东北的蓬莱发育基性火山岩地层，岩石地层单位有石马村组及石门沟村组。

南海地层大区的莺歌海盆地有陵水组、三亚组、梅山组、黄流组、莺歌海组等 5 个岩石地层单位，属海相碎屑岩、碳酸盐岩沉积。

第四纪地层较发育，有 8 个岩石地层单位，呈带状环岛分布，主要受新生代晚期的新构造格局控制。岩石地层单位有秀英组、北海组、八所组、万宁组、琼山组及烟墩组，除万宁组为河口三角洲沉积、北海组为洪冲积成因外，其余均为海相砂砾及泥质沉积。琼北第四纪还发育有火山岩地层，已建组的有晚更新世道堂组及早全新世石山组。

2. 海南省地层岩性

岩体： 岛内岩体工程地质类型可分为岩浆岩、变质岩、沉积碎屑岩和沉积碳酸盐岩 4 个建造类型和 18 个岩组。

（1）岩浆岩建造。包括：①坚硬块状侵入岩组，以酸性花岗岩为主，其次为基性辉绿岩辉长岩的侵入体组成；②较坚硬—软弱薄层—厚层状火山碎屑岩组；③坚硬—较坚硬块状基性火山熔岩组，以气孔—致密状玄武岩为主组成；④坚硬块状中酸性熔岩组，以流纹质凝灰熔岩和安山质熔岩为主。

（2）变质岩建造。包括：①坚硬—较坚硬薄层—块状变质石英砂岩和板岩互层夹结晶灰岩组；②坚硬—较坚硬薄层—厚层状千枚岩夹变质砂岩和结晶灰岩组；③坚硬—较坚硬薄层—厚层状板岩夹变质砂岩组；④坚硬—较坚硬薄层—厚层状片岩夹石英岩和结晶灰岩组；⑤坚硬—较坚硬薄层—块状混合片麻岩和混合花岗岩组。

（3）沉积碎屑岩建造。包括：①坚硬—软弱薄层—块状砂砾岩夹泥岩组；②坚硬—较坚硬中层—厚层状砂岩组；③较坚硬—软弱薄层—厚层状砂岩夹泥岩组；④较坚硬—软弱薄层—厚层状砂岩和泥岩互层组；⑤软弱—坚硬薄层—厚层状黏土岩夹砂岩组；⑥软弱—坚硬薄层—厚层状碎屑岩夹碳酸盐岩组。

（4）沉积碳酸盐岩建造。包括：①坚硬—较坚硬中层—层块状碳酸盐岩组；②坚硬—软弱薄层—块状碳酸盐岩夹碎屑岩组；③坚硬—较坚硬薄层—层块状碳酸盐岩与碎屑岩互层岩组。

土体： 岛内土体主要分布于滨海平原和河谷地带，其工程地质类型可划分为 5 大类 8 亚类。

（1）碎石性土。包括砂砾、砾卵石土，分布于山前冲—洪积平原、河流阶地及部分海滩、河床。呈单层或多层，结构厚度一般小于 10 m，力学性质差异大，地基承载力特征值为 250～420 kPa。

（2）砂性土。包括：①砾砂、中粗砂，广泛分布于滨海地区海岸砂堤、阶地、三角洲及河海漫滩，以多层结构为主，厚度不一，由数米至数十米。力学性质差异大，在沿海岸砂堤呈松散到稍密状，其余一般为稍密至中密状。内摩擦角为 21°～43°，压缩模量为 7～39 MPa，地基承载力特征值为 130～270 kPa。②粉细砂，分布于海积一级阶地、部分海滩砂堤和南渡江三角洲。以多层状结构为主，顶板埋深 0～25 m，以稍密至中密状为主，压缩模量为 5～38 MPa，内摩擦角为 17°～38°，地基承载力特征值为100～190 kPa。

（3）粉土。分布于河、海阶地、三角洲，大多为双层或多层结构，单层厚度为 1～5 m，顶板埋深为 0～20 m，中更新统粉土层中普遍含少量细砾。在不同的地形地貌条件下其力学性质有较大差异，压缩系数为 0.09～0.35 MPa^{-1}，压缩模量为 4.8～29.94 MPa，地基承载力特征值为 130～380 kPa。

（4）黏性土。包括黏土和粉质黏土，广泛分布于环岛滨海平原台地和河流阶地，滨海地区以多层状结构为主，内陆河流阶地以双层结构为主。厚度变化很大，琼北和琼南滨海地区总厚度在 100 m 以上，内陆河流阶地一般小于 10 m。一般黏性土地基承载力标准值为 105～280 kPa，压缩模量为 2.1～11.0 MPa，老黏性土地基承载力特征值为 160～325 kPa，压缩模量为 4.9～16.4 MPa。

（5）特殊土。包括：①淤泥、淤泥质土，主要分布于滨海地区，尤其以河口和海湾地段最为常见。顶板埋深 0～9 m，厚 0.5～12.0 m，常夹粉细砂薄层或砂团。②胀缩土，沉积型胀缩土为杂色黏土，多分布于琼北平原台地区，自由膨胀率为 40%～80%；残积胀缩土分布于北部火山岩分布区，尤以海口市金牛岭至狮子岭一带较多见，为玻屑凝灰岩风化形成的膨润土，亲水矿物蒙脱石为主要成分，自由膨胀率为 65%～106%。③红土，为新生代玄武岩风化黏土，广泛分布于北部火山台地，其最大特点是具团粒结构，透水性较好，具高压缩性，孔隙比为 1.13～1.5，压缩系数为 0.44～0.90 MPa^{-1}。

3. 海南省地质构造

海南所处的大地构造单元，以东西向九所—陵水构造带为界，在该构造带以北的海南岛广大地区属于华南褶皱系五指山褶皱带；在构造带以南的三亚地区和南海在内的广大地区属于南海地台。由于海南所处的大地构造位置的特殊性，历来引起许多地质学家的关注。特别是区域地质调查和地质矿产勘查工作的深入开展及航空航天遥感技术的发展，为海南地质构造的深入研究积累了丰富的资料，提供了新的信息。

但是，从海南地壳活动的特点来看，在构造运动、岩浆活动、沉积作用、变质作用及成矿作用等方面，都具有多旋回特征，而且在发展演化上具有多阶段性，在空间展布上具有不均衡性。

（1）构造运动

海南岛发生的构造运动，以区域性地层的不整合接触关系和岩浆岩侵入的时间为依据，自中元古代以来，发生的构造运动如下。

中岳运动：发生于长城纪，是岛内已知最早的一次以造山性质为主的构造运动。

晋宁运动：发生于青白口纪，主要表现为石碌群发生强烈褶皱。

加里东运动：在海南岛可分早、晚两期，早期发生在寒武纪与奥陶纪之间，晚期发生在志留纪末与早石炭世之间。

海西运动：根据五指山地层分区晚古生代地层之间的不整合接触关系，将本区海西运动划分为三幕。①海西运动第一幕，发生于石炭纪，主要表现为石炭系内部的地层中沉积多层层间砾岩和岩浆侵入与喷发活动；②海西运动第二幕，发生于早、晚二叠世之间；③海西运动第三幕，发生于二叠纪至三叠纪之间。

印支运动：在海南岛，由于三叠纪地层出露不全，仅在定安县岭文和琼海市九曲江地区出露下三叠统岭文组，而缺失中、上三叠统。印支期侵入岩侵入的时间大致相当于早三叠世末、中三叠世末和晚三叠世末。

燕山运动：根据燕山期侵入岩体规模、岩体与下白垩统的接触关系及岩体的同位素年龄值，将燕山运动划分为三幕。①燕山运动第一幕,发生在晚侏罗世之后,早白垩世之前;②燕山运动第二幕,发生在早、晚白垩世之间;③燕山运动第三幕,发生在晚白垩世之后,早第三纪沉积之前。

喜马拉雅运动:在海南岛和北部湾地区,根据地层接触关系,大致可划分为四幕。①喜马拉雅运动第一幕,发生于始新世末,渐新统涠洲组与下伏始新统流沙港组的平行不整合接触。伴随这次构造运动,岛北地区在东西向与南北向和北西向深断裂交汇处出现玄武岩浆喷发。②喜马拉雅运动第二幕,发生于渐新世末,渐新统涠洲组与上覆下中新统下洋组平行不整合接触。伴随此幕构造运动形成多期玄武岩的强烈喷发。③喜马拉雅运动第三幕,发生在上新世末,更新世地层与上新统地层之间普遍不整合接触。中间有基性岩浆喷发形成玄武岩。④喜马拉雅运动第四幕,发生在更新世至全新世,表现为上、中更新统之间常见的不整合接触或平行不整合接触,伴随这次构造运动在琼北发生了基性、超基性岩浆喷发活动。

(2)区域构造变形

海南岛在地质历史发展过程中,经历了中岳、晋宁、加里东、海西、印支、燕山和喜马拉雅等构造运动。每一期构造运动都在海南岛留下一定的构造形迹。在空间分布上,以各种方向、不同形态和不同性质的构造形迹组合,形成东西向构造带、南北向构造带、北东向构造带、北西向构造带等主要构造体系,构成了本岛的主要构造格局,控制着本岛沉积建造、岩浆活动、成矿作用以及晚近时期山川地势的展布。

① 东西向构造形迹。从北往南有王五—文教构造带、昌江—琼海构造带、尖峰—吊罗构造带、九所—陵水构造带。

② 南北向构造形迹。南北向构造形迹根据分布特点可分为琼东南北向构造带、琼中南北向构造带和琼西南北向构造带。

③ 北东向构造形迹。北东向褶皱和断裂构造十分发育。北向东构造形迹按展布方位可分为北东组构造带和北北东组构造带。

④ 北西向构造形迹。北西向构造主要见于海南岛西南部、中部和东北部地区,主要有尖峰岭—石门山断裂带、乐东—田独断裂带、白沙—陵水断裂带、儋州—万宁断裂带、龙波—榆林断裂带、东寨港—清澜断裂带。

(3)深部构造特征

海南岛的深部构造特征表现为地幔隆起背景上的凹陷区,幔凹的中心在琼中至乐东一带,幔凹的最大深度为 34 km 左右。由于岛内的地壳结构不同和深部构造的差异,导致海南岛在地质构造、沉积建造和岩浆活动等方面表现出许多不同的特征。

(4)大地构造

海南所处的大地构造单元,以海南岛的东西向九所—陵水断裂带为界,在该断裂带以南的三亚地区和南海在内的广大地区属于南海地台,在海南岛陆上部分三亚地区被划分为南海地台北缘三亚褶皱带;在该断裂带以北至王五—文教断裂带属于华南褶皱系五指山褶皱带;在王五—文教断裂带以北琼州海峡及其两岸在内的地区属于雷琼断陷。

南海地台的结晶基底形成于长城纪末,位于南海地台的永兴岛钻孔中前寒武系变质岩为花岗片麻岩、石英云母片岩、片麻状花岗岩,该片麻岩的矿物 Rb—Sr 等时线年龄为 $1\ 465 \times 10^6$ 年。这样看来,永兴岛钻孔内的变质岩与长城系抱板群变质岩相当,也具有长城纪晚期的变质年龄,它属于抱板群,因此,南海地台的结晶基底为长城纪抱板群。地台盖层在三亚地区见有地台型沉积的含磷、锰、硅质、碳酸盐建造和含三叶虫、笔石页岩建造及陆源碎屑岩建造组成的寒武纪至奥陶纪的沉积盖层。由于加里东运动影响,沉积盖层发生褶皱,形成了南海地台北缘三亚台褶皱带。该褶皱带在海南岛上陆地面积约 $1\ 720\ km^2$,重力场以变化平缓、等值线多为东西走向、到东部转为北东进向为其特征,因此,在该褶皱带上,分布有北东向三道—晴坡岭—荔枝沟复式向斜及其次一级褶皱构造组成的三亚褶皱构造带。

五指山褶皱带,布格重力异常,多为负值区,以重力低为主,由众多相对变化幅度不大的重力低和重力高组成。引起重力低的花岗岩和产生重力高的元古代、古生代和中生代地层多已出露于地表。该褶皱带演化历程经历了三个发展阶段及相应的构造运动。长城纪—志留纪,为地槽发展阶段,发育复理石建造和火山碎屑岩建造,经历了中岳、晋宁、加里东等构造运动,志留纪末加里东运动使该地槽褶皱封闭;泥盆纪—早三叠世,为准地台发展阶段,广泛发育地台型沉积的碳酸盐建造和碎屑岩建造,经历了海西和印支早期构造运动。此阶段在泥盆纪处于上升剥蚀,使海南岛缺失泥盆系,然后才沉积了石炭系、二叠系和下三叠统。在早三叠世末的早期印支运动结束了准地台的发展历史;中三叠世至第四纪,为大陆边缘活动带发展阶段,经历了印支中晚期、燕山和喜马拉雅等构造运动;中晚三叠世和侏罗纪是以岩浆侵入和喷发为主,因此缺失了中上三叠统和侏罗系。中生代晚期才沉积白垩系。喜马拉雅运动则以断陷作用为主。在新生代初,海南岛北部发生沉降,形成了雷琼断陷,沉积了巨厚的海陆交互相第三系和第四系,同时还喷发堆积了多期基性火山岩。

由此看来,南海地台的演化发展历程与五指山褶皱带有明显不同。南海地台的基底是寒武纪以前褶皱的地槽系,可能是长城纪末的中岳运动使这个地槽封闭,从寒武纪开始至奥陶纪沉积了地台式盖层,为地台发展阶段;五指山褶皱带的基底是志留纪末的加里东运动褶皱封闭的地槽系,从石炭纪至早三叠世处于相对稳定状态,为准地台发展阶段;中三叠世以后至第四纪构造活动增强,为大陆边缘活动带发展阶段。总的来看,五指山褶皱带经历了地槽—准地台—大陆边缘活动带的发展阶段。

4. 工程地质分区

依据地质构造、地貌类型和工程地质条件,将全岛划分为 4 个工程地质区 9 个工程地质亚区。

(1)琼北平原台地较不稳定工程地质区(Ⅰ)

构造上大致处于王五—文教断裂带以北及琼山—仙沟(琼海)断裂带以东,也就是琼北拗陷带和琼东北断隆带。总的地势为中部较高,向周边缓倾。区内地形坡状起伏,其间散布有众多火山锥或孤丘。海拔为 20～80 m,个别山丘可达 340 m,沿海零星分布有 5 m 以下的低地。晚近期活动断裂发育,地壳较不稳,历史上地震震级最高 7.5 级,烈度 7～8 度。

北部火山台地以熔岩为主亚区(Ⅰ$_1$):为一东西向转南北向的脊状台地,南渡江由西向东流过本区以南,于定城附近北转穿越本区流向琼州海峡。中段石山一带火山锥密布,形成火山丘陵地貌景观。熔岩以岩被盖于松散层之上,熔岩孔洞孔隙发育。岩组以坚硬熔岩为主,局部有软弱火山碎屑岩分布。风化层厚度不一。主要工程地质问题为渗漏、塌陷、不均匀沉降、滑坡和胀缩土。

长坡—定安波状冲洪积平原亚区(Ⅰ$_2$):构造上为琼北拗陷的南部边缘部分,东西向王五—文教断裂纵贯全区,晚近期活动断裂发育。边缘地段地形波状起伏,近河地段较为平坦。岩组为松散土体,黏性土和砂性土呈双层或多层结构,主要工程地质问题为河岸侵蚀崩塌、渗流管涌、水土流失、胀缩土和砂土液化。

锦山—清澜洪积海积平原亚区(Ⅰ$_3$):地形呈波状起伏,沿海岸线分布有砂堤,河口和海湾地段地势低平。西北部地震烈度 8 度,东南部 7 度。岩组为砂性土、黏性土,局部有碎石土,呈双层或多层结构,在海湾河口地段有淤泥质土分布。在西部海口地区土层最大厚度可达 1 000 m。主要工程地质问题为水土流失、岸边侵蚀崩塌、港湾淤积、沉陷、地基液化和胀缩土。

文昌侵蚀剥蚀台地亚区(Ⅰ$_4$):构造属琼东北断隆的一部分,波状地形。岩组主要为坚硬岩浆岩、变质岩。风化层厚度为 5～20 m。主要工程地质问题为风化层花岗岩球状风化残留体引起的不均匀沉降。

(2)中部山地丘陵工程地质区(Ⅱ)

中部五指山、鹦哥岭为中山地形,向周边逐渐过渡到低山丘陵,一般海拔为 100～750 m,据不完全统计,海拔 1 000 m 以上的山峰超过 20 座。昌江—屯昌一线以北以海拔 300 m 以下的丘陵为主。区内水系发育,以五指山为中心,呈放射状流向四周,河谷多呈 V 形。构造复杂,北东向和东西向构造带特别发育,构成了本区的主要构造格架。晚近期有明显隆升,活动断裂较发育沿断裂带有众多温泉出露。历史上地震震级最高 5 级,除东北部受邻区地震影响,烈度在 7~8 度外,其余为 6 度或 6 度以下。岩组构成复杂。

儋州—昌江低山丘陵岩浆岩和变质岩亚区(Ⅱ₁):西北部为丘陵谷地,东南部为中—低山。岩组主要有坚硬岩浆岩,坚硬—较坚硬变质岩,还有零星分布的坚硬碳酸盐岩和坚硬—软弱红层碎屑岩。主要工程地质问题为滑坡、坝基渗漏、软弱夹层和花岗岩球状风化残留体引起的不均匀沉降等。

定安县雷鸣丘陵谷地以红层碎屑岩为主亚区(Ⅱ₂):为低缓丘陵盆地地形,中部为金鸡岭火山锥,水系发育。岩组以坚硬—软弱红层碎屑岩为主,中部金鸡岭一带分布有小面积山熔岩。主要工程地质问题为软弱夹层。

白沙县—乐东县山荣中—低山以红层碎屑岩为主亚区(Ⅱ₃):中—低山谷地,切割强烈,山势走向北东。岩组以坚硬—软弱红层碎屑岩为主,局部有小面积变质岩和岩浆岩分布。主要工程地质问题为滑坡、崩塌。

屯昌县—保亭县低山丘陵以岩浆岩为主亚区(Ⅱ₄):东北部以丘陵盆地为主,南部为低山谷地,水系发育。以坚硬岩浆岩组为主,其次有坚硬—软弱红层碎屑岩组和坚硬—较坚硬变质岩组,在南部零星分布有坚硬强岩溶化碳酸盐岩。工程地质问题主要为滑坡、崩塌、不均匀沉降、塌陷和渗漏等。

五指山中—低山以变质岩为主亚区(Ⅱ₅):中—低山谷地地貌,切割强烈,沟谷呈 V 形,水系发育。五指山海拔 1 887 m,为全省最高峰。岩组以坚硬变质岩为主,其次在中部有坚硬中酸性火山岩和侵入岩分布。主要工程地质问题为滑坡和崩塌。

(3)琼西滨海冲洪积海积倾斜平原工程地质区(Ⅲ)

延绵分布于岛西海岸带,东接丘陵山地,成为向海倾斜的微起伏平原。岩组以洪积海积相为主的松散土体,有少量河流冲积土分布,黏性土和砂砾土呈双层或多层结构,在河口和海湾附近分布有游泥质土。主要工程地质问题为河岸海岸侵蚀崩塌、港湾淤浅、渗漏、水土流失、软土沉陷和砂土液化。

(4)琼东南滨海残丘平原软土工程地质区(Ⅳ)

断续分布于东南沿海河口地段,在波状平原上散布有侵蚀剥蚀残丘,潟湖、海湾发育。历史上地震最高震级为北部 5.5 级、南部 3.5 级,有多处温泉出露。岩组主要有冲洪积和海积的土体,砂性土、黏性土呈双层或多层状结构,残丘主要为坚硬岩浆岩。在海湾潟湖和河口附近普遍分布有淤泥层。主要工程地质问题为软土沉陷、砂土液化、滑坡、河海岸侵蚀崩塌。

2.1.2.2　三亚市及某基地地质构造

1. 三亚市地质构造

三亚市在大地构造上位于西太平洋地壳构造不同发展阶段的大陆边缘区。属由澳大利亚稳定陆壳破碎沉陷的南海—印支地台、华夏断块和华南断坳孤悬南海之中的海南隆起南部的崖县地体,并接收了不同地质时代、岩性各异的地层沉积。主要出露的地层有:下古生界寒武系、奥陶系、志留系和不同期次花岗岩;上古生界石炭系、中生界白垩系和新生界第四系。

三亚地区的地质构造为褶皱构造和断裂构造。褶皱构造不甚发育,仅在大茅洞至南丁岭一带见小型向斜,枢纽呈 S 形弯曲,整体上呈北东—南西向。断裂构造较发育,主要有东西向、北东向、北西向和南北向四组。东西向断裂表现为压性或压扭性,局部地段表现为强压性或强扭性,断裂倾角一般较陡;北东向断比较发育,规模也较大,多数表现为逆时针扭动的压扭性,局部见到压性(逆冲)和强扭性;北西向断裂主要表现为顺时针扭动的压扭性;南北向断裂主要表现为强压性或强扭性,断裂规模较小,断面陡直。

（1）东西向构造形迹

九所—陵水构造带位于北纬 18°15′～18°30′，横贯乐东、三亚和陵水等县市，由九所—陵水断裂带、崖城—藤桥断裂带和崖县—红沙断裂带等组成。该构造带在海西期和燕山期有强烈活动，分布有海西期牙笼角岩体，燕山期罗蓬、千家、保城、税町、高峰、南林、陵水等岩体，它们形成了一条东西向花岗岩穹隆构造带。另外，燕山晚期有同安岭、牛腊岭等火山岩喷发。该构造带展布区，在大茅村附近和田独村尾岭的寒武系、奥陶系中，大曾岭的花岗岩中，陵水英州坡附近的花岗岩中，都见到东西向的断层带和挤压破碎带，显示了压性断裂带的特征。

（2）北东向构造形迹

南好褶皱构造带分布在保亭县南好到三亚雅亮一带，全长 30 余千米，宽 10 余千米，由大致平行的岗阜鸡复式倒转背斜及鹅格岭—空猴岭倒转向斜、那通岭—白土岭倒转背斜及北东向断层组成。褶皱带由志留系陀烈组、空列村组、大干村组、靠亲山组、足赛岭组和下石炭统南好组构成。

三亚褶皱构造带分布于三亚市到南田农场一带，西南端沉没入南海，北东端被海西期花岗岩吞蚀。全长 40 余千米，宽 10 余千米。由三道—晴坡岭荔枝沟复式向斜及其次一级褶皱构造组成。复式向斜核部为上奥陶统干沟村组，两翼地层由中奥陶统尖岭组、榆红组、沙塘组，下奥陶统牙花组、大葵组，中寒武统大茅组和下寒武统孟月岭组等构成。与该褶皱带相伴生的还发育有一系列北东向断层带，如北东向田独断裂带。

（3）北西向构造形迹

乐东—田独断裂带，北西起东方江边马眉，往南东经乐东、志仲，一直延伸到三亚市的田独，总体走向为北西 320°～330°，由一系列北西向断裂带组成。该断裂带在航片上反映十分清晰，其北西段的乐东至江边马眉一带，基本沿流过此地区的北西向昌化江流域分布；其南东段的乐东经志仲至三亚市田独地区，沿此段断裂带上的高峰断裂带断续见到破碎带、断层角砾岩带和挤压破碎带及温泉分布。

（4）南北向构造形迹

琼中南北向构造带位于东经 109°25′～109°35′，纵贯儋州、临高、白沙、琼中、通什、保亭、三亚等市县，由褶皱带、断裂带、岩浆岩带（岩体、岩脉群）等组成。该构造带由北往南，在北段发育有南北向大成褶皱带、洛基—南丰断裂带等，沿断裂带有石英脉群充填，还有洛基火山岩喷发；在中段分布有元门—鹦哥岭断裂带，细水—什运断裂带，在什运一带的断裂破碎带，称为风模断层，沿断裂带在元门一带充填有钠长斑岩脉及充填有元门岩体；在南段分布有番阳—高峰断裂带，在什运风模断层带南端分布有几十千米长的南北向燕山期岩体。在该段南北向断裂带中，还分布有南北向延伸的燕山期三道岩体、北山岩体和充填有南北向花岗斑岩脉及石英脉带。

琼西南北向断裂带位于东经 108°55′～109°15′，北起儋州市红岭，经白沙、昌江、东方、乐东等县，向南到三亚梅山一带。主要由金波断裂带、燕窝岭断裂带、抱伦断裂带和洋淋岭断裂带组成。金波断裂带，北起红岭农场，经芙蓉田、金波农场，向南延伸到坝王岭林业局一带，全长 50 余千米，宽 1 km 以上。沿断裂带岩石破碎，从红岭农场到金波农场一带充填有燕山晚期峨朗岭—金波花岗斑岩体，芙蓉田—金波一带充填有花岗斑岩脉和石英脉带，坝王岭一带充填的巨大石英脉见有铅锌等多金属矿化。琼西南北向构造带是一条十分明显的蚀变矿化强烈构造带。

2. 三亚某基地区域地质构造

根据区域地质资料，本区域的主要构造格架由一套古生代地层组成的轴向总体北东、长度大于 20 km 的向斜构造（晴坡岭向斜）和不同方向、不同时代、不同规模的断层组成。工程所在地区位于该向斜构造的南东翼，组成该向斜构造南东翼的地层主要为古生代寒武系、奥陶系地层。由于后期印支、燕山期花岗岩的侵入和断裂的破坏，向斜构造显得残缺不全，表现为寒武系、奥陶系地层和不同期次花岗岩交错出露、岩体破碎。

3. 三亚某基地地层岩性

从海南省工程地质略图可知,三亚市属琼东南滨海残丘平原软土工程地质区(Ⅳ)。

根据"海南三亚基地岩土工程勘察报告",勘察最大揭露深度为70.5 m,勘探深度范围内由上到下分为4个大层13个亚层,其岩性特征详见表2-1。根据勘察钻孔揭露,勘察深度范围内上部地层属于第四纪海相沉积物,第四系地层主要为珊瑚碎屑夹砂、珊瑚礁灰岩及粉细砂;局部地段分布有淤泥质粉质黏土混珊瑚碎屑、粉质黏土及粉质黏土混砂;第四系下伏的基岩为燕山期花岗、寒武系大茅组石英质砂岩。

表 2-1　地层岩性特征

地层编号	地层名称	厚度/m	湿度	状态	密实度	其他性状描述
①₁	杂填土	0.3~0.18	稍湿	—	松散	色杂,含少量植物根系,主要成分为砂性土夹少量碎石及珊瑚碎屑,主要分布在陆域
①₂	淤泥质粉质黏土混珊瑚碎屑	0.6~24.9	饱和	流塑~软塑	—	灰~灰青色,珊瑚碎屑大小不一,含量不均,以中粗砂(钙质)为主,局部见珊瑚碎块、砾,混贝壳。珊瑚碎屑含量一般为15%~50%,随水深增加,珊瑚碎屑含量降低
①₃	珊瑚碎屑夹砂	0.3~18.4	稍湿~饱和	—	松散~中密	灰白~青灰色,以珊瑚碎块、砾、砾砂和粗砾砂(钙质)为主,密实度不均匀,标贯击数离散性大。总体上,从上到下碎屑颗粒逐渐变细,从陆地到海域层厚变薄。该层较连续,几乎在所有钻孔均有分布
①₄	珊瑚礁灰岩	0.5~6.3	饱和	—	—	白~灰白色,半成岩~成岩状态,取芯为短柱状或柱状,少量碎块状,内部多孔隙。在近岸浅滩区域,珊瑚礁发育较好;远离岸边,发育较差。珊瑚礁在平面上分布具有岛状不连续性,在垂向上有分节分段特性
②₁	粉质黏土	0.7~21.7	湿	硬塑	—	灰黄~黄色,表层局部为可塑,杂有灰白、灰褐色斑块,纯净黏土段切面光滑,局部混有少量粉细砂、中砂
②₂	粉细砂	0.5~7.3	饱和	—	中密	青灰~灰黄色,矿物成分以石英、长石为主。该层分布较连续
②₃	粉质黏土混砂	0.5~20.9	很湿~饱和	—	松散~稍密	灰色,以生物碎屑和珊瑚碎屑为主,含粉细砂,含量30%~40%,砂砾成分主要为长石、石英,混粒结构,局部为珊瑚礁灰岩
②₄	粉质黏土	0.5~3.5	湿~很湿	软塑~可塑	—	灰黑色,含贝壳片,土质均一,该层分布不连续,仅局部分布
③₁	强风化石英质砂岩	0.5~39.3	—	—	—	灰~褐灰色,岩体破碎,钻探取芯不完整,多为碎石块
③₁₋₁	黏土质蚀变岩和软弱风化岩	0~18.0	—	硬塑~坚硬	—	浅灰~棕黄色,以黏土矿物为主,局部可见原岩结构,为风化软弱夹层和黏土质蚀变岩夹层。根据所含黏土矿物成分不同,具有不同的膨胀性,一般为弱~强膨胀性。分布不连续,以透镜体形式分布在个别钻孔中
③₂	中风化石英质砂岩	1.0~10.6	—	坚硬	—	灰~灰白色,局部为褐灰、褐红色。微晶结构,块状构造,层面不清,岩石坚硬,节理较密集,完整性较差,岩芯多为短柱状,长度5~15 cm,多件高角度节理和近垂直节理,节理面多平直,见褐色风化锈染,锤击不易碎
④₁	强风化花岗岩	0.35~9.3	—	—	—	褐黄~灰色,粗粒结构,块状构造,取芯不完整,为3~5 cm小碎块,原岩结构清晰,部分矿物风化为黏土矿物

（续表）

地层编号	地层名称	厚度/m	湿度	状态	密实度	其他性状描述
④₂	中风化花岗岩	0.8～20.6		坚硬		褐黄色,局部灰～灰白色,粗粒结构,块状构造,大部分岩芯完整,长度5～15 cm,最长达50 cm,多见高角度节理和垂直节理,节理面多平直,见褐色风化锈染,锤击不易碎
④₃	微风化花岗岩			坚硬		灰～灰白色,粗粒结构,块状构造,岩石新鲜

根据某基地工程详勘钻孔揭露,场区内下伏基岩主要为燕山期花岗岩,寒武系大茅组的石英质砂岩、粉砂岩和板岩。Ⅰ区下伏基岩以花岗岩为主,埋藏浅,岩体较完整,局部地段有寒武系地层残留体"漂浮"于花岗岩之上;Ⅱ区下伏基岩以花岗岩和石英质砂岩为主,其次为板岩和粉砂岩,基岩顶板埋藏逐渐变深,受断层构造和接触变质影响,岩体较破碎。因为石英质砂岩和板岩、粉砂岩层位变化复杂,无法精确区分,故统一归并为石英质砂岩。

在两种岩性交界面附近,地层的工程特性变化尤其不均匀,首先是因为不同岩性的抗风化能力差异,形成风化软弱夹层,其次是因为交界处存在热液蚀变作用,形成软弱的黏土质蚀变岩夹层,再次是因为断层及其分支断层的影响。限于研究深度的限制,无法将其一一区分,笼统地将这些软弱夹层划分为③₁₋₁层(黏土质蚀变岩和软弱风化岩)。

总体来看,场区特殊性岩土(珊瑚碎屑、珊瑚礁灰岩和黏土质蚀变岩和软弱风化岩)种类多,基岩埋深变化大。其中,Ⅰ区基岩埋藏稍浅,顶板高程为−2～−20 m,以花岗岩为主,岩体较完整;Ⅱ区基岩埋藏深,顶板高程为−15～−40 m,以花岗岩和石英质砂岩为主,受断层构造和接触变质影响,岩体较破碎(图2-2,图2-3)。

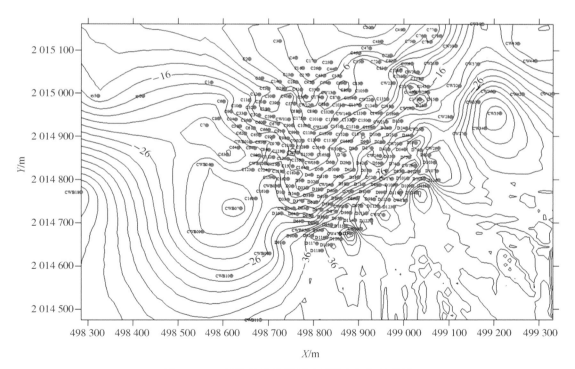

图 2-2 工程区基岩(强风化)顶板高程等值线图

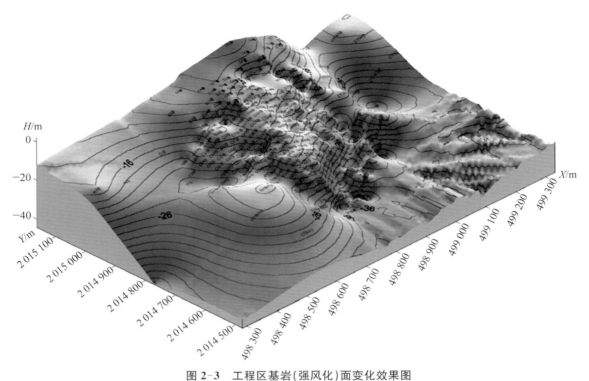

图 2-3　工程区基岩(强风化)面变化效果图

2.1.3　区域水文气象

2.1.3.1　海南省区域水文气象

1. 区域水文

（1）地表水

海南岛地势中部高四周低,比较大的河流大都发源于中部山区,组成辐射状水系。全岛独流入海的河流共 154 条,其中集水面积超过 100 km² 的河流有 39 条。南渡江、昌化江、万泉河为海南岛三大河流,其流域面积占全岛面积的 47%。南渡江发源于白沙县南峰山,斜贯岛中北部,至海口市入海,全长 333.8 km;昌化江发源于琼中县空示岭,横贯海南岛中西部,至昌化港入海,全长 232 km;万泉河上游分南北两支,分别发源于琼中县五指山和风门岭,两支流到琼海市龙江合口咀合流,至博鳌港入海,主流全长 157 km。海南岛上真正的湖泊很少,人工水库居多,著名的有松涛水库、牛路岭水库、大广坝水库和南丽湖等。

（2）地下水

根据地下水的赋存条件、水理性质及水力特征,海南省地下水可分为四种基本类型。

① 松散岩类孔隙水。可分为潜水和承压水两个亚类。

孔隙潜水:分布于沿海一带,为山前古洪积、河流冲洪积和滨海堆积平原区,面积 6 252.2 km²。山前古洪积零星分布于山前,含水层岩性主要为亚砂土,局部为砂砾;冲积、冲洪积分布于河流两侧,含水层岩性主要为含砾亚砂土、中粗砂、砂砾石;滨海堆积一般平行于海岸,宽 1～2 km,含水层岩性主要为含贝壳中细砂、含砾亚砂土、中粗砂、砂砾石,含水层厚度 5～15 m,水位埋深多小于 2 m,其富水性除山前贫乏外,其余均为中等—丰富区。

孔隙承压水:分布于海南岛北部和南部沿海平原区,主要赋存于新第三系海口组、灯楼角组、角尾组和下洋组中,除北部海口组有两个承压含水层为松散—固结的贝壳砂砾岩外,其余均为多层次松散岩类含水层组,其富水程度多为中等—丰富,少数为贫乏。地下水化学类型多为 HCO_3—$Ca \cdot Mg$、HCO_3—Ca、HCO_3—Na 型。矿化度一般小于 1.0 g/L,总硬度为 5~20 德国度,pH 值为 6.5~9.0。

② 碎屑岩类孔隙裂隙水。主要分布于儋州、定安、琼海、乐东、白沙、昌江、文昌等县市,面积 6 484 km^2。出露地层主要为白垩系、老第三系的泥质粉砂岩、细砂岩、含砾砂岩。另外,还有寒武系、奥陶系、志留系、石炭系、二叠系碎屑岩,有不同程度的变质。

地下水多赋存在层间裂隙和构造裂隙中,地下水径流模数一般为 2~10 L/(s·km^2)。富水程度为中等—贫乏。水化学类型为 HCO_3—Ca,HCO_3—$Ca \cdot Na$,HCO_3—$Ca \cdot Mg$ 型。矿化度一般小于 0.3 g/L,总硬度一般小于 2 德国度,pH 值为 6.0~7.5。

③ 碳酸岩类裂隙岩溶水。海南岛碳酸盐岩分布面积比较小,主要分布于儋州市八一农场,三亚市大茅、红花、落笔洞、昌江县,东方市等地,面积约 300 km^2。含水层岩性主要为灰岩、大理岩、白云岩。地下水主要来自降雨,其次是岩性、构造和地形的控制。其富水性取决于裂隙岩溶的发育程度。质纯的可溶岩岩溶发育,构造破碎带、可溶岩与非可溶岩接触部位岩溶发育。岩溶率:灰岩 9.5%~14.7%;大理岩 1.5%~10.3%;白云岩 0.8%~4.3%。富水程度多为丰富—中等,局部贫乏。水化学类型为 HCO_3—Ca 型。矿化度多小于 0.3 g/L,pH 值为 6.5~7.5。

④ 岩浆岩类孔隙裂隙水。可分为块状岩类裂隙水和火山岩裂隙孔洞水两个亚类。

块状岩类裂隙水:主要分布在中部山地丘陵区,出露面积 16 566 km^2。中部山区、东部雨量充沛,林木繁茂,裂隙较发育,富水性较好;西部、南部水量较为贫乏。其岩性主要为花岗岩。块状岩类网状脉状裂隙水,除构造断裂带部位地下水较富集外,水量为中等或贫乏。据统计,钻孔单位涌水量大于 20 m^3/(d·m)的占 22.7%;5~20 m^3/(d·m)的占 25.7%;小于 5 m^3/(d·m)的占 51.5%。矿化度多在 0.2~0.4 g/L。pH 值为 6.5~7.5,属中性淡水。

火山岩裂隙孔洞水:多分布在海南岛北部,为新生代火山岩,具有多期次喷发的层状构造特征。岩性以微孔状、气孔状玄武岩为主,凝灰岩、集块岩、火山角砾岩次之。第三纪火山岩裂隙、孔隙不发育,富水性差,出露面积小。第四纪火山岩分布面积广,以层状、似层状岩被产出,裂隙孔洞发育,水量为丰富—中等。径流排泄条件良好,补给充足,矿化度低。水化学类型为 HCO_3—Na,HCO_3—Ca,HCO_3—$Na \cdot Mg$ 型。总硬度为 1~4 德国度。

(3) 水文地质分区

根据含水岩类的分布、地下水赋存条件和动力特征,将海南岛划分为 5 个区 6 个亚区。

① 第四系松散岩类孔隙潜水区(Ⅰ):分布在滨海堆积平原、砂堤、河谷平原、山前洪积平原,面积为 5 946 km^2,地下水天然资源为 885 万 m^3/d。

② 第三系松散固结岩类孔隙承压水区(Ⅱ):根据水文地质单元分为琼北自流盆地,西部八所—感城自流斜地,南部莺歌海—九所、崖城、三亚、藤桥自流盆地 6 个亚区。地下水天然资源 359.526 万 m^3/d,开采资源总量 234.275 万 m^3/d。

琼北自流盆地(Ⅱ₁):分布在海南岛北部,面积 4 605 km^2。地下水天然资源 348 724 m^3/d,开采模数 226 m^3/(d·km^2),开采资源 229.354 万 m^3/d。

西部八所—感城自流斜地(Ⅱ₂):分布在海南岛西部八所—感城一带,面积 86.4 km^2。地下水天然资源 1.331 万 m^3/d,开采模数 43.7 m^3/(d·km^2),开采资源 0.367 万 m^3/d。

南部莺歌海—九所自流盆地(Ⅱ₃):分布在本岛西南部莺歌海—九所沿海地带,面积 399.8 km^2。地下水天然资源 3.692 万 m^3/d,开采模数 43.7 m^3/(d·km^2),开采资源 1.888 万 m^3/d。

崖城自流盆地(Ⅱ₄):分布在南部崖城、梅山沿海一带,面积 60.4 km^2。地下水天然资源 2.983 万 m^3/d,开采模数 122.0 m^3/(d·km^2),开采资源 1.786 万 m^3/d。

三亚自流盆地(Ⅱ₅):分布在三亚、马岭一带,面积 49.20 km^2。地下水天然资源 1.280 万 m^3/d,开采模数 122.0 m^3/(d·km^2),开采资源 0.646 万 m^3/d。

南部藤桥自流水盆地（II₆）：分布在三亚市藤桥、林旺一带,面积 60 km²。地下水天然资源 1.516 万 m³/d,开采模数 122.0 m³/(d·km²),开采资源 0.234 万 m³/d。

③ 琼北火山岩类裂隙孔洞水（III）：分布在海南岛北部,为第四纪火山岩,有火山岩裸露区和火山岩红土覆盖区两种类型。面积 3 928.5 km²。地下水天然资源 854.375 万 m³/d,开采模数 1 638.5 m³/(d·km²),开采资源 39.646 万 m³/d。

④ 碳酸盐岩类裂溶洞水（IV）：分布在三亚市大茅—红花、儋州市八一农场、昌江县和东方市,面积 251.48 km²。地下水天然资源 24.512 万 m³/d,开采模数 342.4 m³/(d·km²),开采资源 7.037 万 m³/d。

⑤ 丘陵、山区基岩裂隙水（V）：分布在海南岛中部、西部和东南部的大部分地区,出露地层包括块状的侵入岩和层状的碎屑岩、变质岩。面积 23 050.44 km²。地下水径流模数 1.259～12.839 L/(s·km²),地下水天然资源 2 068.780 万 m³/d。

2. 区域气象

(1) 气温

① 平均气温

年平均气温：海南岛各地的年平均气温为 22.5～25.6℃,以中部的琼中最低,南部的三亚最高。等温线向南弯曲呈弧线分布,从中部山区向四周沿海递增,23℃等温线在中部山区闭合。

气温的年变化：各地平均气温年变化基本一致,呈单峰型。最冷月为 16.6～23.0℃,均出现在 1 月。最热月为 25.5～29.2℃,各地出现时间不一致,通什、保亭、乐东出现在 6 月,三亚、白沙、昌江、东方出现在 6 月和 7 月(6 月、7 月数值相同),其他地区出现在 7 月。

气温的年变差：由于海洋的调节,海南岛气温年变差普遍较小,多数地区为 8～10℃,三亚最小(7.6℃),普遍比中国内陆地区低 5～10℃。

② 极端最高气温

海南岛各地累年极端最高气温为 35.4～40.5℃。高温中心有两个,一个位于北部、西北部内陆的澄迈、儋州到昌江一线,另一个位于南部内陆的保亭县。高于或等于 40℃的高温记录曾出现过 3 次,即 1933 年 5 月 2 日海口出现 40.5℃(这也是海南岛有观测资料以来的最高值)、1983 年 5 月 14 日澄迈金江出现 40.3℃和 1985 年 4 月 24 日儋州那大出现 40.0℃。西部、南部沿海一带是累年极端最高气温的低值区,低于 36℃。海南岛虽处热带,但出现 35℃高温日比中国内陆地区少得多,出现 40.0℃的酷热日更是罕见现象。

年极端最高气温多数年份出现在 4 月、5 月,也有出现在 6 月、7 月的。这是因为晚春初夏这段时间正处于西南低压槽或副热带高压控制下,天气炎热少雨;而盛夏和秋季,由于降雨较多,最高气温不太高。

③ 极端最低气温

海南岛多数地区的极端最低气温在零度以上,只有中部山区及西北部内陆曾出现零度以下的低温。零度以下的记录出现过 3 次,即 1955 年 1 月 11 日儋州西华农场出现−4.3℃、1963 年 1 月 15 日白沙县牙叉镇出现−1.4℃和 1974 年 1 月 2 日乐东县尖峰岭天池出现−3.0℃。

年极端最低气温以出现在 1 月居多,也有出现在 2 月或 12 月的。10℃以下的低温出现在 11 月中旬至翌年 4 月上旬,5℃以下的低温主要出现在 1 月。

(2) 湿度

① 水汽压

水汽压是指湿空气的气压中由纯水汽所产生的分压力,单位为 hPa(百帕)。海南水汽来源比较充足且终年温度较高,故全年水汽压较大。年平均值为 23～26 hPa,中部及西北部内陆较小,四周沿海较大。年变化呈单峰型,高值为 30～32 hPa,北部出现在 8 月,中、南部出现在 6 月;低值为 16～

20 hPa，各地以 1 月最小。

② 相对湿度

相对湿度是指空气中实际水汽压与当时气压下的饱和水汽压之比。海南各地年平均相对湿度为 77%～87%，以昌江的 77% 为最小，以文昌的 87% 为最大。对于年变化，北半部为双峰型，即 2 月和 9 月为峰值，5 月或 7 月为谷值；南半部为单峰值，即 8 月或 9 月为峰值，12 月或 1 月为谷值。

海南各地累年极端最小相对湿度为 8%～27%，以三亚、通什的 8% 为最小。夏半年各地为 30%～40%，冬半年多在 20% 以下，以 12 月或 1 月为最小。

（3）降水

降水是指从大气中降落到地面的各种固态或液态水粒子，如雨、雪、霰、雾等。从大气中降落到地面的液态水滴称为雨，固态部分称为冰雹或雪等。海南岛由于温度较高，只有在某些年份，在强烈的对流上升运动作用下偶尔会下冰雹，并以北部内陆的春、夏季出现的概率大些。下雪是罕见现象。

① 年雨量的地域分布

海南各地的年平均雨量为 923～2 459 mm。等雨量线呈环状分布。中、东部多，西部少；山区丘陵多，沿海平原少；多雨中心位于万宁西侧至琼中一带，少雨区位于东方沿海。多雨中心的琼中县年平均雨量为 2 458.5 mm，年最多雨量为 3 759.0 mm（1978 年），年最少雨量为 1 398.1 mm（1959 年）；少雨区的东方年平均雨量为 922.7 mm，年最多雨量为 1 528.8 mm（1980 年），年最少雨量为 275.4 mm（1969 年）。琼中与东方直线距离不足 150 km，雨量如此悬殊。

② 雨量的季节分布

由于季风环流的交替影响，海南的雨、旱季非常明显。冬半年受东北季风控制，气候干燥少雨；夏半年受西南、东南季风的影响，气候炎热多雨。若按累年平均月雨量大于（小于）其周年平均值作为雨（旱）季标准，琼中的 5～11 月，万宁的 6～11 月，东方的 6～10 月，其余地区的 5～10 月为雨季；其他月份为旱季。雨季的雨量占年雨量的 80%～90%，其中 5～7 月的雨量占年雨量的 30%～40%，8～10 月的雨量占年雨量的 50% 左右；旱季的雨量仅占年雨量的 10%～20%，其中 12 月至翌年 2 月的雨量仅占年雨量的 2% 左右。

③ 雨量的年变化

1～6 月的雨量逐月增加，其中 5～6 月受峰面或低压槽影响，雨量明显增加，6 月达到峰值；7 月受副热带高压脊稳定控制，雨量相对减少；8～10 月主要受热带系统的影响，雨量较多，9 月达到峰值；10 月以后又逐渐转冬季风控制，雨量逐渐减少，11 月降幅最大。

④ 降雨日数

海南各地年降雨日数（日雨量大于或等于 0.1 mm 的日数）为 88～194 d，等雨日线与等雨量线分布基本一致。180 d 的等雨日线在中部山区闭合，越往西南，雨日越少，东方是雨日最少的地方。在雨季，大部分地区每月的雨日都在 15 d 左右，其中以 8 月或 9 月的雨日最多；在旱季，大部分地区月雨日均不足 10 d，有些地区有的年份则数月滴雨不下。

⑤ 降雨强度

降雨强度表示单位时间或某一时段内的降雨量，也有把降雨期间测站的总降雨量除以该期间的雨日所得到的平均日降雨量作为该雨期的降雨强度。海南平均降雨强度（年平均雨量除以年平均雨日）为 11～13 mm/d。雨季的各月平均降雨强度比较均匀，为 14～17 mm/d，其中，北部、东部以 9 月最大，约 20 mm/d，琼中以 10 月最大，达 23.8 mm/d；旱季的各月平均降雨量不足 5 mm/d。实测日最大降雨量，各地均超过 250 mm，超过 400 mm 的有白沙、儋州、屯昌、陵水等市、县，其中白沙县 1977 年 7 月 21 日降雨量达 490.3 mm，是有气象记录以来的极大值。另据水文、林业资料，24 h 最大降雨量超过 500 mm 的有白沙、乐东、屯昌、昌江、琼海、澄迈等地，其中尖峰岭天池 1983 年 7 月 17 日出现了 965.3 mm 的极值纪录。

⑥ 降雨变率

降雨变率是衡量某地降雨量稳定性的指标,变率越大,降雨越不稳定。海南年降雨量平均相对变率为 16%～24%,中部、北部较小,西部沿海较大。旱季各月各地均大于 50%,雨季普遍比旱季小10%～15%。

(4) 风向风速

① 风向

风向随天气系统的转换发生变化。天气系统较弱时,沿海地区出现海陆风,而中部山区因地形复杂,地方性风较明显。

海南各地年盛行风向(各风向中挑选频率最大者)有所差异,琼中、通什、白沙等 12 个市、县的静风频率最大,琼中县高达 56%。以定安至乐东连线为分界线,此线以北(西)地区盛行东至东北风;此线以南(东)地区又有不同,万宁及以南地区是北至东北风,万宁以北地区是南至东南风。

风向随季节变化很明显。10 月至翌年 3 月,主要受冷空气的影响,盛行东北至东风;4～9 月盛行偏南风。各地偏南风转偏北风的时间基本一致,都在 9 月。偏北风转偏南风的时间则由南向北、由东南西逐渐推迟,三亚在 2 月,琼海在 3 月,海口在 4 月,东方在 5 月。偏南、偏北风维持时间长短也不一致:东方的偏南风只有 1 个月,偏北风长达 8 个月;琼海的偏南、偏北风各占 6 个月;其他地方的南风占 5 个月,北风占 7 个月。

② 风速

海南各地年平均风速为 1.1～4.5 m/s。风速等值线呈环状分布,2 m/s 等值线在中部山区闭合,最小值位于琼中县,最大值位于东方市沿海。各地平均风速最大(小)值出现的季节有所不同。最大值,东方出现在夏季,三亚、陵水、保亭出现在秋季,其他地区出现在冬春季;最小值,东方出现在秋季,琼中出现在冬季,其他地区出现在夏季。

海南的最大风速,主要是台风造成的,其次是受强冷空气的影响。强对流天气也可能出现局部大风如龙卷风、飑线等,多数地区累年最大风速大于 24 m/s,以东西部沿海最大,达 30 m/s。各地最大风速出现的时间均是夏秋季,风速极值出现于 1973 年 9 月 14 日 7314 号台风玛琪登陆琼海县时,因风速仪被吹毁,推算当时的最大风速达 60 m/s。

海南的大风日数(瞬间风速大于或等于 17.2 m/s),多数地区平均全年 3～6 d。东方以 22 d 为最多,琼中、乐东一带约 2 d,为最少。沿海地区一年四季都有可能出现大风,内陆地区主要出现在 4～10 月,均以夏秋季为多、为大。

2.1.3.2　三亚市及某基地区域水文气象

1. 三亚市区域水文

(1) 地表水

三亚市多年平均降雨深度 604 mm,径流系数 0.43,年总径流量 11.5 亿 m^3。丰水年($P=10\%$)的年径流量 18.2 亿 m^3,平水年($P=50\%$)的年径流量 10.8 亿 m^3,枯水年($P=90\%$)的年径流量 5.8 亿 m^3,集雨面积 1 905 km^2,多年平均降雨量 1 417 mm。

从保亭县流入藤桥镇的年径流量,平水年 4.576 亿 m^3,枯水年 2.288 亿 m^3;从乐东县、保亭县流入崖城镇的年径流量,平水年 1.671 亿 m^3,枯水年 0.794 亿 m^3。

降水量西部比东部少,径流分布自内地递减。

(2) 地下水

地下水资源的分布情况如下:藤桥至梅东沿海一带,总储量 1.42 亿 m^3;梅东至南滨农场一带富水性中等,单层单位水量小于 1.5 L/(s·m),岩组单位水量一般为 1～3 L/(s·m)。保港至水南四村一带富水性强,单层单位水量 1～3 L/(s·m),岩组厚度小于 130 m。羊栏、荔枝沟地区,岩组厚度小于 100 m,有 2～5 个含水层,单层单位水量一般为 1～2 L/(s·m),单层厚度一般小于 12 m,岩组含水层厚度小于 40 m。马岭地区含水层薄,水位埋藏深,富水性较差。田独地区岩组厚度为 30～90 m,有 3 个含水层。红土坎至上新村一带,水层及水位埋藏深,富水性差。榆林至榆林潭一带,含水层较浅,厚度较大,富水性较好。藤桥、林旺地区有 2 个含水层,厚度小于 20 m,单位水量 1 L/(s·m)。藤桥只有 1 个含水层,厚度小于 15 m,单位水量一般小于 0.1 L/(s·m)。

三亚市有地下温泉 6 处,分别在南田农场赤田东村附近,林旺落根田洋中,荔枝沟镇半岭水库周围,南滨农场热泉井,羊栏凤凰村热泉,崖城镇良种场。

2. 三亚市区域气象

(1) 气温

三亚市属于热带海洋性季风气候,阳光充足,长夏无冬,秋春相连。三亚市的气温从 1959—2000 年,累年平均气温 25.8℃,极端低温 5.1℃,出现在 1974 年 1 月 2 日;极端高温 35.9℃,出现在 1990 年 6 月 4 日。

(2) 湿度

三亚市全市湿度变化比较稳定,在 72%～90%,1950—2000 年累年平均相对湿度为 79%,最高相对湿度是 1965 年的 81%,最低是 1977 年的 76%。各地区有所差别,如三亚地区是 79%,藤桥地区是 82%,高峰地区是 84%。北部山区最高,9 月平均为 90%;三亚地区最低,但 12 月平均也不低于 72%。

(3) 降水

1959—2000 年累年平均降水量为 1 280.6 mm,年最多降水量是 1990 年,降水 1 987.7 mm,最小年降水量是 1971 年,降水 674.0 mm。每年 11 月至翌年 4 月降水总量占全年的 10%;5～10 月的降水量约占全年的 90%,5～7 月是前汛期,以雷阵雨为主,长晴间雨,雨过天晴,日射强烈。8～10 月是后汛期,以台风为主。每年 5 月进入雨季,11 月进入旱季。只有极少数年份 2 月、3 月下大雨,或者是立冬后还有台风影响。年雨量在 600～2 000 mm 之间变动,常年平均值 1 261 mm,年雨日占全年日数的 1/3,较大雨日(日雨量大于或等于 5.0 mm)占全年日数的 12.8%。暴雨日雨量大于或等于 50.0 mm,年平均只有 5.5 d,而雨量却占全年总量的 33.4%。在旱季半年中,雨量只占全年的 10%,即使在雨季中,长达连续 30 d 没有显著降雨的月份也占全年的 23%,而雨骤水量流失大,造成大旱。

全市年降水量相差悬殊,约 500 mm。北部山区年平均雨量 1 625.0 mm,南部沿海地区 1 279.3 mm,西部地区 1 100～1 300 mm,东部地区 1 511.5 mm。降水量在一年中的分布是不均匀的。累年台风影响最大日降水量在 1986 年 5 月 19 日,为 327.5 mm。

(4) 风向风速

1959—1990 年,累年平均风速 2.7 m/s,年风向多为东风,次为东北风。台风累年年平均影响个数 4.3 个,累年年最高影响个数 10 个。

海域的风可分为季风、台风和龙卷风 3 种。季风春去夏至,夏去秋来,一年中随季节变化,均受大气环流所主宰。台风在三亚海域影响最频繁。

每年 10 月以后,东北风是附近海域的主要风向,4 月开始,沿海海域转而以南太平洋上吹来的东南风为主,其次是印度洋吹来的西南风。三亚沿海海域平均风速为 2.9 m/s。

3. 某基地区域水文

榆林海洋站(18°14′N,109°32′E)位于榆林港内。基地水文分析采用榆林海洋站 1954—2005 年共 52 年的潮位资料。

(1) 基准面与水位

① 潮位基准面及换算关系

本工程基准面采用当地理论深度基准面,位于当地平均海平面以下 115 cm。潮位基准面及各种潮位之间的相互关系如图 2-4 所示。

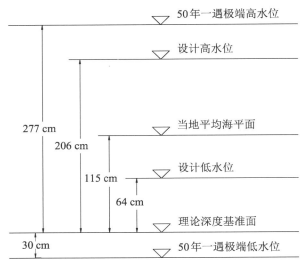

图 2-4   潮位基准面及各种潮位之间的相互关系

② 潮位特征值(表 2-2)

表 2-2   潮位特征表   (单位:m)

潮位特征	最高潮位	最低潮位	平均高潮位	平均低潮位	平均潮差	最大潮差	平均海平面
数值	3.02	−0.20	1.64	0.80	0.84	2.36	1.182

③ 设计水位(表 2-3)

表 2-3   设计水位表   (单位:m)

设计水位	设计高水位	设计低水位	极端高水位	极端低水位
数值	2.06	0.64	2.77	−0.30

(2)潮汐与潮流

该海区潮汐性质属于不正规日潮。半个月的潮位中有 5 d 是比较明显的日潮,其余时间则为不正规的半日潮。潮汐日不等现象显著,涨潮平均历时长于落潮平均历时约 6 h。

该海区潮流性质属于混合型潮流。潮流最大可能流速介于 15.4~101.3 cm/s。港区内水域流速普遍不大,各层流速基本都低于 0.30 m/s,绝大部分水域流速在 0.05~0.20 m/s。

(3)波浪

根据交通运输部天津水运工程科学研究所编写的"0483 工程波浪整体物理模型试验报告"和海军工程设计研究局港湾工程试验研究室编写的"1801 工程波浪数值推算(补充二)",考虑小风区风成浪的影响,围堰工程区域各种重现期波浪要素如表 2-4 所示。

表 2-4   围堰工程区域各种重现期波浪要素

重现期/年	$H_{1\%}$/m	$H_{4\%}$/m	$H_{5\%}$/m	$H_{13\%}$/m	$\bar{H}$/m	$\bar{T}$/s	浪向
10	2.53	2.13		1.68	1.05	8.00	SW
25	3.50	2.99	2.89	2.42	1.55	8.60	SSW
50	3.71	3.13	3.00	2.47	1.54	9.30	S
100	4.15	3.50		2.76	1.72	9.60	SW

（4）含水层特征

根据"海南三亚某基地岩土工程勘察报告"及"海南三亚某基地水文地质试验报告"，本工程基坑范围场区内潜水（图2-5）主要含水层为第①₃层珊瑚碎屑夹砂、第①₄层珊瑚礁灰岩、第③₁层强风化石英质砂岩或第④₁层强风化花岗岩。潜水主要接受大气降水垂直补给和工程区周边的第四系孔隙潜水的侧向补给，排泄途径为垂直蒸发和通过第①₃层珊瑚碎屑夹砂及第①₄层珊瑚礁灰岩向海中径流排泄。

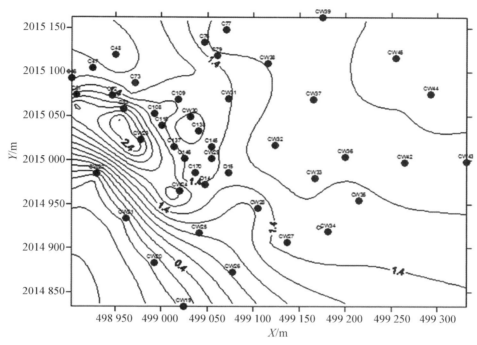

图2-5　工程区潜水水位高程等值线（2009年）

在水文地质试验期间，在本工程基坑范围区的抽水孔及水位观测孔测得地下水水位埋深为1.89～2.49 m，地下水水位高程为3.80～1.39 m。潜水水位随地势缓慢变化，微向海倾斜；自CW44位置到CW23、CW24一线附近大约200 m距离，水位高程由1.9 m降低到1.3 m左右。在CW23、CW24一线靠近海的区域，地下水受到海水顶托，水位又有小幅升高。一方面，由于径流途径短，水头变化小，不利于地下水的排泄，但是另一方面，第①₃层珊瑚碎屑夹砂及第①₄层珊瑚礁灰岩的渗透性较好，对地下水的径流比较有利。总体来看，层中赋存的潜水径流比较畅通，水量比较丰富，水位受季节性大气降水影响明显。

第①₃层珊瑚碎屑夹砂含水层厚度分布不均，厚度为0.30～18.40 m；第①₄层珊瑚礁灰岩分布不均匀，近岸浅滩区域的珊瑚礁发育较好，远离岸边的珊瑚礁发育较差，珊瑚礁的分布在平面上具有岛状不连续性，在垂向上具有分节分段特性，厚度为0.50～6.30 m；第③₁层强风化石英质砂岩含水层在本工程基坑范围的东北部及东部有分布，厚度分布不均，在0.5～39.30 m；第④₁层强风化花岗岩含水层在场区遍布，厚度分布不均，在0.35～9.30 m。

综上所述，试验区内地下水以孔隙水潜水及裂隙潜水为主，含水层较厚，渗透性良好，向海排泄路径通畅。施工开挖应考虑地下水渗流的影响，采取措施防止渗流破坏和海水倒灌。

（5）抽水试验结果分析

针对本场地不同含水层，在试验场区北侧、中部及南部各布置了一组抽水试验。通过在抽水井中抽取地下水，同时测量抽水井的出水量及抽水井、观测井的水位降深，利用稳定流井流公式或

AquiferTest 软件 Moench 分析潜水含水层抽水试验,通过曲线拟合最终确定含水层的渗透系数。根据"海南三亚基地抽水试验成果",第①$_3$层珊瑚碎屑夹砂、第①$_4$层珊瑚礁灰岩、第③$_1$层强风化石英质砂岩和第④$_1$层强风化花岗岩的渗透系数如表2-5所示。

表 2-5　三亚某基地潜水含水层渗透系数

含水层名称	渗透系数/(cm·s^{-1})		
	最小值	最大值	平均值
第①$_4$层珊瑚礁灰岩、第④$_1$层强风化花岗岩	$0.56×10^{-2}$	$3.8×10^{-2}$	$1.71×10^{-2}$
第①$_3$层珊瑚碎屑夹砂、第④$_1$层强风化花岗岩	$1.06×10^{-2}$	$7.2×10^{-2}$	$4.17×10^{-2}$
第①$_3$层珊瑚碎屑夹砂、第①$_4$层珊瑚礁灰岩、第③$_1$层强风化石英质砂岩	$4.2×10^{-2}$	$9.3×10^{-2}$	$6.79×10^{-2}$

4. 某基地区域气象

根据榆林港海滨观测站的统计资料,某基地气象条件如下。

（1）气温

榆林港位于海南岛的南端,终年高温高湿,天气炎热,四季没有明显的划分界限,气温的年变化不大。

经统计,榆林港年平均气温为25~26℃,月平均气温最高是6月(28.7℃),最低是1月(21.4℃),多年极端高温34.5℃,多年极端低温为11.3℃。

（2）降水

榆林港雨量充沛,平均年降水日数达108 d,年平均降水量1 282.2 mm。旱雨季分明,11月至翌年4月为旱季,5~10月为雨季。月平均降水统计如表2-6所示。

表 2-6　月平均降水统计

月份	1月	2月	3月	4月	5月	6月	7月	8月	9月	10月	11月	12月
月平均降水/mm	8.4	10.9	20.9	42.4	130.7	188.2	172.5	212.5	254	206.4	58.1	15.7

（3）风况

榆林港季风特点明显,11月至翌年3月为东北季风期、6~8月为西南季风期、4~5月和9~10月为季风转换期。常风向为东北向,次常风向为东北东向和东向。历年平均风速主要介于2.5~3 m/s。

榆林港大风持续时间和频率主要受热带气旋和强冷空气影响,最长持续时间可达8 d。6级以上大风集中在7~9月和10月到翌年1月,7~10月为热带气旋活动期,台风引起的最大风速可超过50 m/s。

① 历年风向频率:根据1951—2005年共55年的风向观测数据,统计历年各风向频率见表2-7和图2-6。

② 热带气旋:1952—2003年共52年中,一共有213个热带气旋对榆林港造成影响(指气旋在当地造成6级以上大风),平均每年有4个热带气旋会对榆林港造成影响,最多的1年9个,最少的1年1个。风力大部分在9级以下,10级以上占总数的22%,有9%的风力超过12级。如表2-8所示。

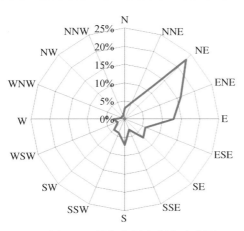

图 2-6　历年各风向频率玫瑰图

表 2-7　历年各风向频率

风向	频率	风向	频率	风向	频率	风向	频率
N	3%	S	7%	E	13%	W	3%
NNE	5%	SSW	4%	ESE	6%	WNW	1%
NE	23%	SW	4%	SE	7%	NW	1%
ENE	16%	WSW	2%	SSE	3%	NNW	1%

表 2-8　影响榆林港气旋的月份分布表

月份	4 月	5 月	6 月	7 月	8 月	9 月	10 月	11 月	12 月
次数	1	7	18	33	53	46	40	12	1

（4）湿度

榆林港地处低纬度地区，终年温度较高，蒸发量很大，因此相对湿度较大，在 77% 以上。平均湿度最大的月份是 6 月，达 84%，最小的月份是 12 月，为 74%。

（5）雾

经过多年的资料统计，榆林港年均雾日不足 2 d，几乎是终年无雾。

2.1.4　其他地质条件

中国地震主要分布在台湾省、西南地区、西北地区、华北地区、东南沿海地区五个区域和 23 条地震带上。从地震带的地图上看，海南三亚不在地震带上。近 50 年来已有的地震震级历史记载表明，三亚曾发生过地震，但震级较低，几乎没有超过 4 级的地震。

根据《建筑抗震设计规范》（GB 50011—2010）（2016 年版），三亚地区抗震设防烈度为 6 度，设计基本地震加速度值 0.05g，设计地震分组为第一组，可不考虑砂土液化问题。

根据钻探数据，Ⅰ区和Ⅱ区的基岩顶板高程在 $-2 \sim -40$ m，上部 15 m 范围内地层为中软场地土类型，根据《水运工程抗震设计规范》（JTS 146—2012），判断场地类别为Ⅱ类。

2.2　场地地质条件

工程场地地处海域和陆域交界处，跨越了内村村庄陆地和村前海湾两个部分。内村村庄地势较为平坦，微向海倾斜，场地地貌属滨海平原地貌类型，高程变化在 $2 \sim 5$ m。村前海湾海底地形大致以 -7 m 海水等深线为界被分为两部分，其中，-7 m 海水等深线以内区域海底地形变化较剧烈，坡度为 $1:25 \sim 1:20$，-7 m 海水等深线以外区域的海底地形变化相对平缓，坡度约为 $1:100$。

2.2.1　场地地质构造

根据区域地质资料，本区域的主要构造格架由一套古生代地层组成的轴向总体北东、长度大于 20 km 的向斜构造（晴坡岭向斜）和不同方向、不同时代、不同规模的断层组成。工程区所在地区位于该向斜构造的南东翼，组成该向斜构造南东翼的地层主要为古生代寒武系、奥陶系地层。由于后期印支、燕山期花岗岩的侵入和断裂的破坏，向斜构造显得残缺不全，表现为寒武系、奥陶系地层和不同期次花岗岩交错出露、岩体破碎。

根据勘察钻孔揭露，场区内下伏基岩主要为燕山期花岗岩、寒武系大茅组的石英质砂岩、粉砂岩和板岩。Ⅰ区下伏基岩以花岗岩为主,埋藏浅,岩体较完整,局部地段有寒武系地层残留体"漂浮"于花岗岩之上;Ⅱ区下伏基岩以花岗岩和石英质砂岩为主,其次为板岩和粉砂岩,基岩顶板埋藏逐渐变深,受断层构造和接触变质影响,岩体较破碎。石英质砂岩和板岩、粉砂岩层位变化复杂,无法精确区分,在剖面图上统一用石英质砂岩表示。在Ⅱ区纵剖面 16—16′,19—19′,20—20′,21—21′和 22—22′剖面上可以看出,两种岩性交界面走向呈北东—南西向延伸,倾向南东。根据区域地质资料,寒武系地层倾向北西,倾角为 50°～60°。在钻孔 D109 埋深 46.5～48.6 m 处,钻探发现灰色的含石英角砾断层泥,肉眼可见鳞片状定向排列和摩擦痕迹,弱膨胀性,证明该处有断层通过,这与 2009 年初步踏勘时在六道角沿海公路灯塔附近发现的断层露头一致。证明两种岩性分界面附近,存在产状为 331°∠78°的断层。

如图 2-7 所示,在两种岩性交界面附近,地层的工程特性变化尤其不均匀,首先是因为不同岩性的抗风化能力差异,形成风化软弱夹层,其次是因为交界处存在热液蚀变作用,形成软弱的黏土质蚀变岩夹层,再次是由于断层及其分支断层的影响。限于研究深度的限制,无法将其一一区分,笼统将这些软弱夹层划分为③$_{1-1}$层。

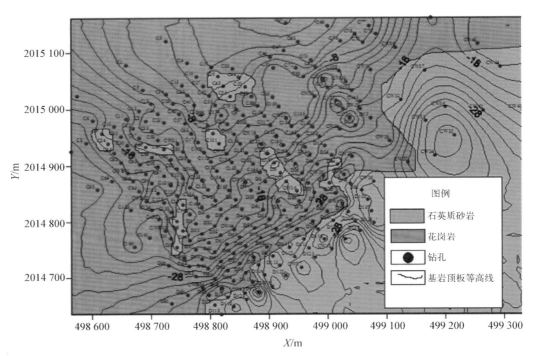

图 2-7　工程区两种岩性接触关系平面示意图

根据现场踏勘,寒武系地层内主要结构面有四组:

第一组,倾向 330°～340°,倾角 70°,间距 5～50 cm,压扭性质,平直顺滑,张开度 1～2 cm,无充填或硅质充填,顺层夹有厚度约 5 cm 的泥质夹层。

第二组,倾向 115°,倾角 67°,间距 50～150 cm,与第一组呈共轭节理。

第三组,倾向 75°～95°,倾角 75°～85°,间距 50～100 cm。

第四组,倾向 10°,倾角 15°,间距 5～10 cm。该组不发育。

花岗岩岩体内主要结构面有三组:

第一组,倾向 305°,倾角 40°,间距 20～100 cm,间距 50 cm 左右,压扭性质,平直顺滑,张开度 1～3 cm,无充填或砂质充填。

第二组,倾向 145°,倾角 25°,间距 50～100 cm,与第一组呈共轭节理。

第三组,倾向 280°,倾角 80°,间距 25～50 cm。

2.2.2 岩层划分及其空间分布

该基坑场地工程地质条件由上而下简单划分如下:

(1) 珊瑚沉积物,主要为珊瑚砂碎屑,含海相沉积淤泥质黏土;

(2) 海相沉积粉质黏土与粉细砂互层;

(3) 强风化和中等风化石英质砂岩;

(4) 强风化、中风化和微风化花岗岩。

根据地质勘探资料,钻孔揭露的最大深度为 70.5 m,勘探深度范围内上部低层为第四纪海相沉积物,主要由珊瑚碎屑夹砂、珊瑚礁灰岩及粉细砂组成,局部地段可见淤泥质粉质黏土混珊瑚碎屑、粉质黏土及粉质黏土混砂;第四系下伏基岩为燕山期花岗岩、寒武系大茅组石英质砂岩。根据土的成因、结构及物理力学性质差异,区域地质层由上到下可划分为 4 个大层 13 个亚层。场地地层分布主要有以下特点。

①$_2$ 层:淤泥质粉质黏土混珊瑚碎屑(Q_4^m),灰~灰黑色,流塑~软塑。珊瑚碎屑大小不一,含量不均,以中粗砂(钙质)为主,局部见珊瑚碎块、砾,混贝壳。珊瑚碎屑含量为 15%~50%,随着水深增加,珊瑚碎屑含量降低。该层分布 II 区比 I 区连续,深水区比浅水区连续,在 I 区大多以小透镜体出露。层厚变化 0.6~24.9 m,层底标高 -7.12~-39.0 m。有机质含量试验结果表明该层有机质含量小于 5%,不是有机质土。

①$_3$ 层:珊瑚碎屑(Q_4^m),灰白~青灰色,松散~中密状态,稍湿~饱水。以珊瑚碎块、砾、砾砂和粗砾砂(钙质)为主,密实度不均匀,标贯击数离散性大。总体上,从上到下碎屑物由粗粒向细粒变化,从陆地到海域层厚由厚向薄变化。该层较连续,几乎在所有钻孔均有分布,层厚变化为 0.3~18.4 m,层底标高为 2.47~-20.4 m。有机质含量试验结果表明该层有机质含量小于 5%,不是有机质土。

①$_4$ 层:珊瑚礁灰岩(Q_4^m),白~灰白色,半成岩~成岩状态,取芯为碎块状或圆柱状,内部多孔隙。在近岸浅滩区域,珊瑚礁发育较好;远离岸边,珊瑚礁发育较差。珊瑚礁的分布在平面上具有岛状不连续性,在垂向上具有分节分段特性,层厚变化为 0.5~6.3 m,层底标高为 -0.44~-12.54 m。

②$_1$ 层:粉质黏土(Q_3^{al+pl}),局部为黏土,灰黄色~黄色,硬塑,表层局部为可塑,杂有灰白、灰褐色斑块,纯净黏土段切面光滑,局部混有少许粉细砂、中砂。该层在 II 区分布较普遍,由 I 区到 II 区,厚度逐渐增加,层厚变化为 0.7~21.7 m,层底标高为 -4.37~-43.8 m。

②$_2$ 层:粉细砂(Q_3^{mc}),青灰色~灰黄色,中密,饱和。矿物成分以石英和长石为主,同时含有一定量的钙质砂成分。该层分布较连续,层厚变化 0.5~7.3 m,该层层底标高为 -9.89~-42.7 m。

②$_3$ 层:粉质黏土混砂(Q_3^{dl+el}),黄色,局部混褐红色,灰白色斑块,硬塑状态。该层同②$_1$ 层相比成分不均匀,混有粉细砂、中砂,砾砂,含量在 20%~60%,局部以砂为主,呈砂混黏性土状,个别地段混有中粗砂和碎砾石,甚至以中粗砂和碎石为主,偶见大孤石。该层局部地段黏性土遇水容易崩解。该层分布较连续,在 I 区土层厚度薄,II 区厚度逐渐增大,层厚变化为 0.5~20.9 m,层底标高为 -6.19~-47.1 m。

②$_4$ 层:粉质黏土(Q_3^h),灰黑色,软塑~可塑,含壳片,土质均一,分布不连续,仅出露在43—43'剖面中。层厚变化为 0.5~3.5 m。

③$_1$ 层:强风化石英质砂岩($\epsilon_2 d^2$),灰色,褐灰色,岩体破碎,钻探取芯不完整,多为碎石块,主要分布在 II 区,在 I 区仅零星出露。揭露厚度变化为 9.5~39.3 m,层顶标高为 -2.65~-63.18 m。

③$_{1-1}$ 层:黏土质蚀变岩和软弱风化岩,浅灰色~棕黄色,硬塑~坚硬,成分以黏土矿物为主,局部可见原岩结构,为风化软弱夹层和黏土质蚀变岩夹层。根据所含黏土矿物成分不同,具有不同的膨胀性,一般为弱~强膨胀性。该层分布不连续,以透镜体形式主要分布在 D103,D107,D109,D125 等钻孔中。揭露最大厚度为 18.0 m。

③$_2$层：中风化石英质砂岩（$\in_2 d^2$），灰色～灰白色，局部为褐灰色、褐红色。微晶结构，块状构造，层面不清，岩石坚硬，节理较密集，完整性较差，岩芯多为短柱状，岩芯长度为 5～15 cm，多见高角度节理和近垂直节理，节理面多平直，见褐色风化锈染，锤击不易碎。揭露厚度变化为 1.0～10.6 m，层顶标高为 −3.28～−54.15 m。

④$_1$层：强风化花岗岩（γ_5^3），褐黄色～灰色。粗粒结构，块状构造，取芯不完整，为 3～5 cm 小碎块，原岩结构清晰，部分矿物风化为黏土矿物。揭露厚度变化为 0.35～9.3 m，层顶标高为 −2.36～−43.8 m。

④$_2$层：中风化花岗岩（γ_5^3），褐黄色，局部灰色～灰白色。粗粒结构，块状构造，大部分岩芯完整，长度为 5～15 cm，最长达 50 cm，多见高角度节理和垂直节理，节理面多平直，见褐色风化锈染，锤击不易碎。揭露厚度变化为 0.8～20.6 m，层顶标高为 −0.34～−47.2 m。

④$_3$层：微风化花岗岩（γ_5^3），灰色～灰白色，粗粒结构，块状构造，岩石新鲜，该层未揭穿，揭露最大厚度为 12.1 m。

总体来看，场区特殊性岩土（珊瑚碎屑、珊瑚礁灰岩、黏土质蚀变岩和软弱风化岩）种类多，基岩埋深变化大。其中，Ⅰ区基岩埋藏稍浅，顶板高程为 −2～−20 m，以花岗岩为主，岩体较完整；Ⅱ区基岩埋藏深，顶板高程为 −15～−40 m，以花岗岩和石英质砂岩为主，受断层构造和接触变质影响，岩体较破碎。

2.2.3　岩土层工程特性及分析评价

①$_2$层：淤泥质粉质黏土混珊瑚碎屑（Q_4^m），流塑～软塑，分布不连续，不均匀，力学性质较差，标准贯入锤击数平均值 $N=3$，不能作为基础持力层。

①$_3$层：珊瑚碎屑（Q_4^m）。稍密～中密状态，性质不均匀，标准贯入锤击数平均值 $N=13$，陆域地层较海域地层性质好，推荐陆域承载力容许值 $f=180$ kPa，可作为多层建筑物的基础持力层。

①$_4$层：珊瑚礁灰岩（Q_4^m），推荐天然状态下岩芯单轴极限抗压强度 $f_r=10$ MPa，抗拉强度 $f_t=1.0$ MPa，分布不连续，性质不均匀，不宜直接作为基础持力层。

②$_1$层：粉质黏土（Q_3^{pl+dl}），硬塑状态，性质较均匀，标准贯入锤击数平均值 $N=18$，压缩模量 $Es_{1-2}=10$ MPa，为中压缩性土，地基容许承载力 $f=200$ kPa，是良好的基础持力层。

②$_2$层：粉细砂（Q_3^{mc}），中密状态，性质较均匀，标准贯入锤击数平均值 $N=20$，压缩模量 $Es_{1-2}=20$ MPa，地基容许承载力 $f=200$ kPa，是良好的基础持力层。

②$_3$层：粉质黏土混砂（Q_3^{el+dl}），硬塑状态，局部混中粗砂、粗砾砂和碎石，均匀性稍差，标准贯入锤击数平均值为 $N=25$，压缩模量为 $Es_{1-2}=10$ MPa，为中压缩性土，地基容许承载力 $f=240$ kPa，是良好的基础持力层和下卧层。局部地层遇水容易崩解。

③$_1$层：强风化石英质砂岩（$\in_2 d^2$），岩体破碎，完整性差，单轴极限抗压强度 $f_r=30$ MPa，抗拉强度 $f_t=2$ MPa，变形模量 $E_0=2\,000$ MPa，地基容许承载力 $f=900$ kPa，是良好的基础持力层和下卧层。

③$_{1-1}$层：黏土质蚀变岩和软弱风化岩，性质软弱，局部遇水膨胀崩解，为基岩内软弱夹层，分布较随机，不能作为基础持力层。

③$_2$层：中风化石英质砂岩（$\in_2 d^2$），岩体较破碎，完整性较差，单轴极限抗压强度 $f_r=60$ MPa，抗拉强度 $f_t=4$ MPa，变形模量 $E_0=10\,000$ MPa，地基容许承载力 $f=2\,000$ kPa，是良好的基础持力层和下卧层。

④$_1$层：强风化花岗岩（γ_5^3），岩体破碎，完整性差，单轴极限抗压强度 $f_r=25$ MPa，抗拉强度 $f_t=0.5$ MPa，变形模量 $E_0=3\,000$ MPa，地基容许承载力 $f=900$ kPa，是良好的基础持力层和下卧层。

④$_2$层：中风化花岗岩（γ_5^3），岩体较完整，单轴极限抗压强度 $f_r=50$ MPa，抗拉强度 $f_t=2$ MPa，变形模量 $E_0=10\,000$ MPa，地基容许承载力 $f=2\,000$ kPa，是良好的基础持力层和下卧层。

表 2-9　各岩土层物理力学指标推荐值

层号	土名	质量密度 ρ/(g·cm⁻³)	天然含水量 W/%	孔隙比 e	液限 W_L/%	塑限 W_P/%	塑性指数 I_P/%	液性指数 I_L	休止角/(°)(水上/水下)	直剪快剪摩擦角 Φ_q/(°)	直剪快剪内聚力 C_q/kPa	固结快剪摩擦角 Φq/(°)	固结快剪内聚力 Cq/kPa	渗透系数(垂直)K_v/(cm·s⁻¹)	渗透系数(水平)K_h/(cm·s⁻¹)	垂直固结系数(×10⁻³cm²·s⁻¹) $P=600$kPa	$P=800$kPa	a_{1-2}/MPa⁻¹	Es_{1-2}/MPa	a_{6-8}/MPa⁻¹	Es_{6-8}/MPa	无侧限抗压强度 q_u/kPa	单轴极限抗压强度 f_r/MPa	单轴极限抗拉强度 f_t/MPa	标准贯入试验平均值 N/击	基床系数/(kN·m⁻³)	容许承载力 f/kPa	灌注桩单桩极限侧摩阻力标准值 q_{fi}/kPa
①₂	淤泥质黏土混珊瑚碎屑	1.87	34.3	1.0	31.9	19.3	13.5	1.2		5	15	10	35	$6×10^{-7}$	$9×10^{-7}$	0.6	0.8	0.6	3	0.2	15	18			3			25
①₃	珊瑚碎屑(砾质相珊砂)	1.5~1.6	10(陆域地下水位上)	0.8~1.1					39~32	35	3			$5×10^{-3}$★	$7×10^{-3}$★			0.16	17★						13		180(陆域地下水位以上)	30
①₄	珊瑚礁灰岩													$2×10^{-3}$★	$3×10^{-3}$★								10	1.0				30
②₁	粉质黏土	2.04	20.6	0.6	32	18	14.2	0.28		15	40	16	70	$7×10^{-7}$	$8×10^{-7}$	1.4	1.3	0.20	10	0.1	18	200			18		200	70
②₂	粉砂								40~37★	37★				$3×10^{-3}$★	$4×10^{-3}$★				20★						20		200	45
②₃	粉细砂	2.03	18	0.6	31	17	13.2	0.22		18	45	20	54	$8×10^{-5}$★	$9×10^{-5}$★	5.0	3.0	0.23	10	0.1	20				25		240	86
③₁	强风化石英质砂岩	2.6												$2×10^{-4}$★	$1×10^{-4}$★				2 000■				30	2	>50	160 000	900	
③₂	中风化石英质砂岩	2.63												$9×10^{-6}$★	$6×10^{-6}$★				10 000■				60	4	>50	800 000	2 000	
④₁	强风化花岗岩	2.56												$6×10^{-5}$★	$5×10^{-5}$★				3 000■				25	0.5	>50	200 000	900	
④₂	中风化花岗岩	2.62												$3×10^{-6}$★	$2×10^{-6}$★				10 000■				50	2	>50	800 000	2 000	
④₃	微风化花岗岩	2.65												$2×10^{-6}$★	$1×10^{-6}$★				20 000■				70			2 000 000	3 500	

注：1. 带★数据为根据经验给出的推荐值。
2. 带■数据根据变形标指为变形模量。
3. 桩基参数按照《港口工程灌注桩设计与施工规程》(JTJ 248—2001)提出。

④₃层：微风化花岗岩（γ_5^3），岩体完整，单轴极限抗压强度 $f_r = 70$ MPa，变形模量 $E_0 = 20\,000$ MPa，地基容许承载力 $f = 3\,500$ kPa，是良好的基础持力层和下卧层。

以上各岩土层的物理力学指标和桩基础参数见表 2-9。

2.3 地质条件对止水帷幕的影响

2.3.1 工程地质条件分析

1. ③层以上地层

根据场区勘察报告，施工场区在工程勘察深度范围内的地基土层共划分为 4 个工程地质层和 13 个工程地质亚层，其中工程地质亚层分布不均。场区内③层及以上层位属于极强透水层，水量丰富。局部地段由于珊瑚碎屑和珊瑚礁含量大，钻孔时漏浆严重。因此，在对止水帷幕系统进行设计时，必须采用合理的止水形式对③层以上地层进行隔水。

2. ③④层交界面

从承载力特征值来看，不同岩层变化较大，而这些指标是选择止水帷幕施工方法的重要参考指标，直接关系到施工质量、进度及施工费用。从③、④层透水性质上来看，③、④₁层以上土层为强透水层，④₂及以下地层为弱透水层，③、④₁层与④₂层交界面为强透水界面。

从场地剖面图可以看出，基坑底标高已进入第④层中微风化岩层，穿过③、④₁层与④₂层的强渗透交界面，在止水帷幕设计与施工时，必须对该界面进行防渗处理。一是合理、科学地确定设计方案，二是选择有效可行的施工方法。

3. ④层基岩

根据建筑设计要求，基坑开挖已进入④₂层以下约 10 m。④₂层及以下地层中风化花岗岩岩体基本完整，总体来说属于弱含水层，水量不大，但不排除局部地段张性裂隙发育、水量丰富的可能性。因此，在确定护坡方案及降排水方案时，须充分考虑基岩裂隙水的排放问题。

2.3.2 水文、气象条件分析

本工程基坑所在的场区毗邻南海，与海边直线距离较近，场地内地下水以孔隙潜水为主，潜水径流比较畅通，水位受季节性大气降水影响明显，水量比较丰富，含水层较厚，渗透性良好，向海排泄路径通畅；②层及③层属于极强透水层，水量丰富，且与南海海水之间存在水力联系。海南岛地处亚热带，台风、暴雨经常光顾。在本场地进行基坑、基础施工存在着不利的水文、气象条件。因此，在止水帷幕设计与施工时，一是要考虑在基坑顶部设置挡水坝（挡水坝是止水帷幕系统的重要组成部分）；二是必须对④₁层及以上地层（特别是③、④₁层与④₂层交界面）实施全封闭隔水（此部分是止水帷幕系统的主体），隔断基坑内地下水与海水之间的水力联系；三是重视对基坑开挖形成放坡面的明排水问题，包括施工期间大气降水的排放。

2.3.3 加固深度的选取

根据海军研究院海防工程设计研究所勘察队所提供的本项目岩土工程勘察报告，场区内部分区域目的层起伏较大，特别是④₂层层顶埋深。根据《水电水利工程高压喷射灌浆技术规范》（DL/T 5200—2019）第 5.0.5 条的规定，封闭式高喷墙的钻孔深入基岩或相对不透水层 0.5~2.0 m，按照止水帷幕设计要求，高压旋喷桩进入中风化岩层 0.5 m，高压旋喷桩桩底深度平均值存在一定的差异。结合施工质量控制措施，考虑引孔时存在的沉渣厚度，高压旋喷桩桩底埋深也有不同，因此，止水帷幕设计平均加固深度需根据现场实际情况做相应调整。为确保基岩与上覆土层交接面加固效果，高压旋喷桩必须进入基岩面以下 1 m。

2.4 止水帷幕设计方案

2.4.1 设计方案选型

工程区域有充足的施工场地，此部分采用基坑大开挖形式。基坑紧邻海域，工程区域表层①₃层为珊瑚碎屑，①₄层为珊瑚礁灰岩，厚度可达 15 m，透水性好，与海水之间存在水力联系，且工程所在地榆林港的雨季为 5~10 月，雨日多，雨量充沛，同时考虑到受工程周边地形影响，工程区域汇水量较大，为保证基坑内干施工，需对基坑周边土层进行防渗止水处理。

针对目前工程上常用的防渗止水帷幕形式，重点分析比较了以下四种方案。

方案一：三排高压旋喷桩

先利用常规钻机预成孔，并进入基岩 0.5 m 以上，然后下放高压旋喷管进行高压旋喷桩施工，设计三排是因为高压旋喷桩成桩质量不稳定，用于防渗止水时如采用单排或两排易产生渗漏，尤其是对于上部地层为珊瑚碎屑，其渗透系数达 10^{-3} cm/s，施工参数难以控制，只能靠设计成三排桩来保证防渗止水效果。该方案施工成本高，施工质量控制难。

方案二：素钻孔灌注咬合桩

素钻孔灌注咬合桩可进入基岩，防渗止水效果好，对基岩面起伏较大的地层适应性强。缺点是成桩进度慢、工期长、成本高，而且在珊瑚碎屑地层，钻孔护壁难，须采用搅拌桩内套打的方式，成本加倍增加。

方案三：素地下连续墙

素地下连续墙可进入基岩，防渗止水效果好，但对基岩面起伏较大的地层适应性差，施工进度慢、工期长、成本高，而且在珊瑚碎屑地层，须采用搅拌桩等形式在墙体二侧护壁，成本成倍增加。采用这种围护形式的造价是最高的。

方案四：三轴搅拌桩＋高压注浆的组合桩

采用组合围护形式，即对于上部珊瑚碎屑层，采用三轴搅拌桩进行施工，然后在搅拌桩上采用常规钻机同心预成孔进入强风化基岩 1 m 以上，下放带孔钢管，采用高压注浆对岩土交接面进行施工。对于中上部砂层，采用就地搅拌的三轴搅拌桩，成桩质量稳定，施工质量易控制，工后防渗止水效果好；采用常规小口径钻机预成孔，施工便捷，能确保进入基岩，对基岩起伏大、强风化层厚度变化大的地层适应性强；下放钢管并带有注浆孔，可以定向、定位喷浆，能确保高压注浆体下进入强风化基岩，上与搅拌桩有效搭接，从而确保整个围护体的整体性和隔水效果。

方案四相较于前三个方案有如下优点：

（1）施工质量稳定、易控制，防渗止水效果好。三轴搅拌桩成桩质量稳定，桩体强度高，防渗效果好。通过钻机预成孔，进入基岩的深度能得到保证，高压注浆体与其上部的搅拌桩和其下部的基岩都能很好地搭接，施工质量较易控制。

（2）施工便捷，工期短。三轴搅拌桩施工进度快；采用常规钻机预成孔，设备小，可多投入，入岩施工质量能保证，同时进度快；高压注浆在预成孔条件下进入基岩施工，施工难度小，施工进度快，施工质量能保证。

（3）用料省，具有较好的经济性。三轴搅拌桩采用就地搅拌成桩，水泥用量仅为桩体重量的 20％，相较于相同桩径的钻孔灌注咬合桩节省 80％，相较于素地下连续墙也可节省较大比例的水泥，可达 50%～60%。

(4) 施工可行性、可操作性强,对本场地地层的适应性强。

综合比较,陆域止水帷幕采用方案四,具体设计方案如下:

止水帷幕中心线距设计基坑开挖坡顶线 5 m。基岩面以上土体采用 Φ850@600 三轴搅拌桩止水帷幕体;基岩交接面(强风化岩面)采用与三轴搅拌桩同心的单排入岩的高压注浆止水芯墙 Φ900@600,止水芯墙进入基岩 1 m,与搅拌桩搭接 1 m。通过在三轴搅拌桩内预钻孔(Φ120),并下放 DN130 钢管作为基岩面之上的高压注浆导向管,并带有注浆孔。

2.4.2　设计方案简介

项目位于海南省三亚市,船坞工程施工场地位于海域和陆域交界处,船坞工程基坑开挖深度为 17～21.5 m,围护体系由沉箱围堰、土石围堰和陆域止水帷幕组成,基坑止水帷幕采用三轴搅拌桩加高压旋喷桩止水。其中,海域沉箱段围堰长约 467 m,海陆交互区域的土石围堰长约 398 m,陆域止水帷幕长约 1 548 m。

船坞围堰工程位于两座船坞口前沿及两侧,平面呈 U 形布置,与后方陆域止水帷幕共同组成封闭的止水体系。围堰总体由堵口沉箱围堰、北侧顺岸围堰、南侧顺岸围堰、北侧水域土石围堰、南侧水域土石围堰和陆域止水帷幕组成。围堰主体布置在距坞口前沿线 26.65 m 处,前沿线直线段长约 290 m (12 个沉箱),两侧长度均为 25.55 m(各 1 个沉箱)。北侧顺岸沉箱围堰长 51.15 m(2 个沉箱),南侧顺岸沉箱围堰长 76.75(3 个沉箱),北侧水域土石围堰长约 133.4 m,南侧水域土石围堰长约 265 m,陆域止水帷幕总长约 740 m。工程设计平面布置图详见图 2-8。

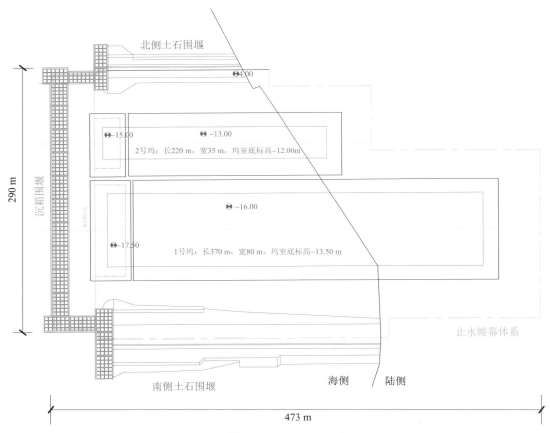

图 2-8　某船坞围堰工程平面布置图

2.4.2.1 沉箱围堰

基床迎水侧下卧层为②₃层粉质黏土夹砂层时，采用 3 排 Φ800 高压旋喷桩结合止水。止水结构体进入强风化石英岩或强风化花岗岩 1 m，通过在沉箱内预埋的 DN130 注浆管施工。旋喷桩孔距 600 mm，排距 600 mm，梅花形布置。止水旋喷桩下需进行帷幕灌浆，帷幕灌浆深度要求达到渗透系数小于 3×10^{-5} cm/s 的基岩内。

沉箱结构间接缝宽 50 mm，空腔宽度为 650 mm，空腔内预埋 Z9-30 橡胶止水带，并浇筑渗透系数不大于 3×10^{-5} cm/s 的塑性混凝土。南、北侧顺岸围堰与土石围堰连接处在沉箱上预埋两块钢板锚入土石围堰止水芯墙内。具体节点详见图 2-9—图 2-12（图中尺寸单位为 mm，高程单位为 m）。

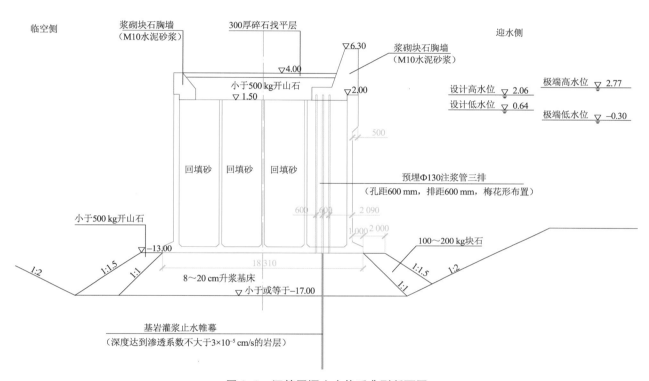

图 2-9　沉箱围堰止水体系典型断面图

2.4.2.2 陆域及土石围堰止水体系

陆域及土石围堰止水体系均采用三轴搅拌桩＋高压旋喷桩止水方式，基岩面以上土体包括堤心回填珊瑚碎屑，采用 Φ850@600 三轴搅拌桩止水芯墙，搅拌桩深度为基岩面以上 1～1.5 m；基岩交接面（强风化岩面）采用与三轴搅拌桩同心的单排入岩的 Φ900@600 高压旋喷桩止水芯墙，止水芯墙下进入中风化基岩深度不小于 1 m，上与搅拌桩搭接 1 m。其中，南侧水域土石围堰靠近沉箱区域 130 m 范围内设计为两排三轴搅拌桩，孔距 600 mm，排距 600 mm，梅花形布置，高压旋喷桩同样为两排。三轴搅拌桩施工前应先进行预探孔施工，并确定基岩面标高位置，再进行搅拌桩施工，探孔的间距与三轴搅拌桩中心距相等，一般情况下，探孔间距为 1.2 m，三轴搅拌桩底标高位于基岩面以上 1.0 m 处。详见图 2-13—图 2-15（图中尺寸单位为 mm，高程单位为 m）。

2.4.2.3 基坑开挖深度及护坡设计

整个围堰基坑采用四级放坡大开挖方案，坡顶标高 4.5～4.8 m，1# 坞开挖底标高 −15.65 m，2# 坞开挖底标高 −13.75 m，一级边坡从地面至 −1.0 m，二级边坡从 −1.0 m 至 −6.0 m，三级边坡从 −6.0 m 至 −11.0 m，四级边坡从 −11.0 m 至坡底，每级边坡坡脚设 2 m 宽平台，放坡坡度 1：1.5。

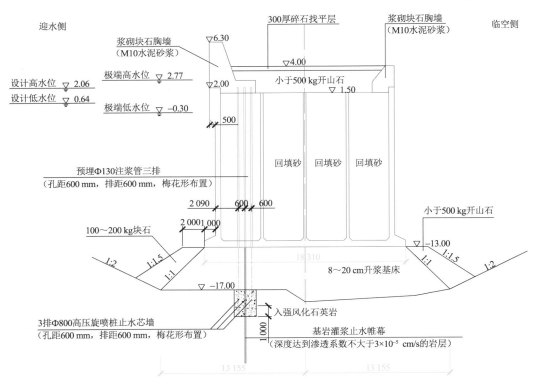

图 2-10   沉箱围堰止水体系典型断面图

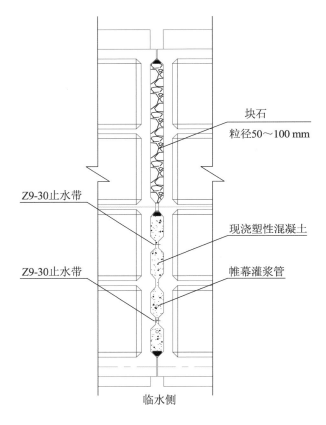

图 2-11   沉箱围堰接缝止水详图

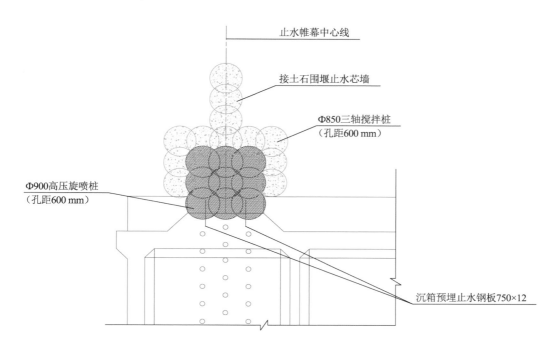

图 2-12 顺岸围堰沉箱与土石围堰连接止水详图

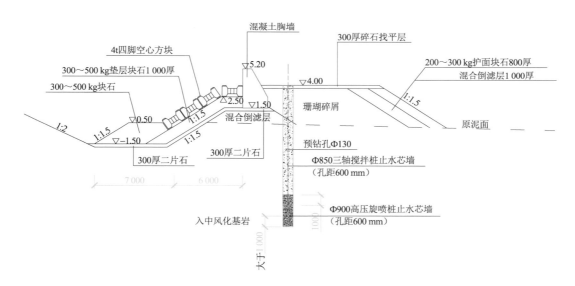

图 2-13 北侧水域土石围堰典型断面图

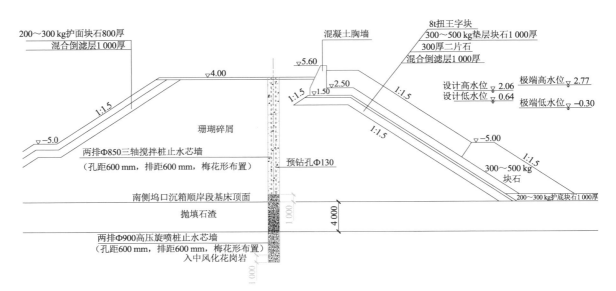

图 2-14　南侧水域土石围堰双排止水帷幕典型断面示意图

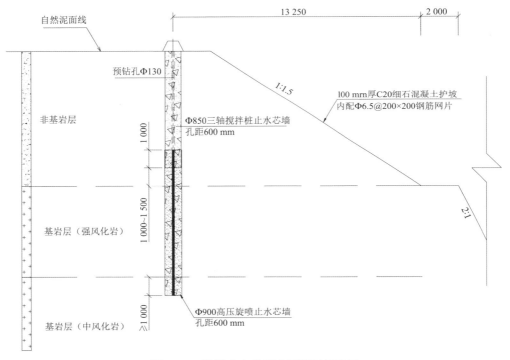

图 2-15　陆域止水帷幕典型断面示意图

3 施工技术方案

临海含珊瑚碎屑和珊瑚礁岩地层的防渗止水帷幕体设计与施工有其自身特点,必须在进行充分理论研究和工程实践的基础上,不断摸索、不断改进,才能找到合适的施工设备和有效的施工措施,从而形成较为系统的施工工艺和流程,确保施工技术方案的可行性和科学合理性。

临海地区的地层有一鲜明特征,基岩面以上的土体含大量珊瑚礁碎屑和珊瑚礁灰岩岩体。造礁石珊瑚群体死亡后其遗骸经过漫长的地质作用后形成的岩土体即为珊瑚礁。全球珊瑚礁主要分布在南北回归线之间的热带海洋中,中国的珊瑚礁主要分布在北回归线以南的热带海岸和海洋中,中国南海诸岛和部分南海海岸珊瑚礁发育。尤其是南海地区珊瑚礁分布范围广、地理位置显要,散布于南海中的岛礁绝大部分是由珊瑚礁构成的,礁体厚达 2 000 m。这些礁体是中国领土主权的标志,是开发海洋资源、建设中国南海海空交通中继站的重要基地。珊瑚从古生代初期开始繁衍,一直持续至今,可作为划分地层、判断古气候、古地理的重要标志。珊瑚礁与地壳运动有关,正常情况下,珊瑚礁形成于低潮线以下 50 m 浅的海域,高出海面者是地壳上升或海平面下降的反映;反之,则标志该处地壳下沉。珊瑚礁蕴藏着丰富的油气资源。珊瑚礁及其潟湖沉积层中,含有煤炭、铝土矿、锰矿、磷矿,礁体粗碎屑岩中发现有铜、铅、锌等多金属层控矿床。珊瑚灰岩可作为烧石灰、水泥的原料,千姿百态的珊瑚可做装饰工艺品,不少礁区已开辟旅游场所。因此,珊瑚礁的研究具有非常重要的意义。特别是临海地区的珊瑚礁体,它往往是工程建设的承载体,对其工程性能的研究必不可少。

珊瑚礁的矿物成分主要为文石和高镁方解石,化学成分主要为碳酸钙($CaCO_3$),其含量达 97%,其结构疏松、多孔、性脆、低硬度、低强度。在珊瑚礁地层钻探过程中发现,珊瑚礁在高压力作用下容易破碎。珊瑚礁岩体一般没有节理、裂隙和断层,但构成珊瑚礁岩体的各种珊瑚中有大量的孔洞存在。珊瑚礁体的这些特点是选择施工设备、确定施工参数的前提条件。要确保防渗止水帷幕体的施工质量,就必须事先查明临海地区的复杂地质条件,有针对性地选择施工设备,制订合理的施工流程。为此,必须研究防渗止水系统的施工关键技术,编制科学、合理、可行的施工技术方案指导施工,控制施工质量。

3.1 施工关键技术

3.1.1 施工难点、重点

1. 地质条件的复杂性

(1) 土体分布的不均匀性

基岩面上覆土体含珊瑚礁碎屑及珊瑚礁灰岩,其分布极其离散、不规则。珊瑚礁碎屑的存在及其厚度不均,使得三轴搅拌桩施工参数难以统一、固定,施工成桩质量不稳定;珊瑚礁灰岩的存在及其厚度不均、分布范围不等,珊瑚礁灰岩体本身强度也有差异,对于成层分布或体积较大的珊瑚礁灰岩岩体,还存在三轴搅拌桩机能否搅拌的问题。

（2）基岩面埋深起伏较大

临海地层基岩面起伏较大，有时在 2 m 长度上可能有 5 m 左右的高差。对于施工每幅桩长只有 1.2 m 的三轴搅拌桩来说较难确定三轴搅拌桩的停打深度。稍有不慎，会导致三轴搅拌桩机机头与基岩相碰。轻则因机头与基岩相碰导致电流、电压上升而使施工现场变压器烧坏，重则会因卡钻、抱钻导致三轴搅拌桩机损坏。

（3）防渗止水帷幕体进入基岩难

基岩面以上的强风化带本身渗透系数不大，但在开挖条件下，因上覆土体的开挖和侧向围压的解除，使其渗透性大大增加。基岩面以上的强风化带是基坑防渗止水帷幕体的薄弱部位，施工时，隔水体必须进入基岩面一定深度，实现垂直向有效搭接。临海地区基岩大多为中风化花岗岩，其抗压强度为 35～50 MPa，强度高，加之基岩面起伏大，止水帷幕体施工要到基岩面以下 1 m 的深度，无论是选择合适的设备，还是造价、工期的控制，均是不可回避的难题。

2. 施工方案的制订

鉴于临海地层地质条件的复杂性，根据防渗止水帷幕的设计方案，制订合理、科学的施工流程，选择可行的施工设备是一个挑战。困难主要体现在以下几个方面。

（1）设备选择

施工设备选择要遵循易得、可行、经济等原则。针对基岩面以上的土体，施打水泥土搅拌桩要考虑搅拌桩机的动力、施打深度、成桩质量，可供选择的设备有单轴、双轴、三轴搅拌桩机。从施工动力、成桩质量、水泥掺入比等因素考虑，选择三轴搅拌桩机较为合理。但存在三轴搅拌桩机体型大、设备重、施工成本高、运输困难等不足。针对向下进入基岩、向上与搅拌桩搭接的高压旋喷桩是采用单重管、双重管或三重管高压旋喷桩机，一要看三种施工机械各自的功能，更要看有无类似成功施工实例。根据相关施工经验，在珊瑚礁地基中采用旋喷桩作为止水帷幕，单重管难以满足要求，建议采用双重管或三重管进行施工。根据海南省文昌市卫星发射基地 1#、2# 工位防渗止水帷幕体高压旋喷桩施工经验，宜采用三重管施工。

（2）施工流程

合理的施工流程不仅能确保施工顺利实施和施工质量，而且能节省人工、提高设备工效、节省费用。为确保复合止水帷幕的施工顺利进行，工序安排尤为重要。特别是针对复杂地质条件，施工地质勘察必须与施工工艺紧密结合。探孔、预成孔等前道工况必须与后续工况紧密结合。如何合理安排，必须认真加以研究。

（3）施工参数

岩土工程施工参数的确定既要结合地质勘察报告分析土层条件，又要结合施工设备的功能、类似地层条件的施工经验，综合确定，还必须通过试成桩加以检验。对于三轴搅拌桩，主要是如何确定水泥掺量；对于高压旋喷桩，主要是如何确定水泥掺量、施工气压、水压和浆压。

3. 施工过程质量控制

施工质量是在施工过程中形成的，所以，施工过程中质量控制至关重要。为指导和控制施工质量，必须研究施工流程，熟悉施工工艺，了解施工环节，分析施工质量风险，采取施工质量控制措施，制订切实可行的施工方案。

4. 施工质量检测

施工质量检测是施工质量控制的事后措施，也是弥补施工质量不足不可或缺的环节。检测防渗止水帷幕体施工质量的方法通常分为两类，一类是以钻孔取芯为代表的有损检测，另一类是以高密度电阻率法、地质雷达法等为代表的无损检测。每种方法各有其优缺点，适用范围也有区别。如何结合施工场地的地质条件、施工工艺和施工特点，有针对性地选择经济、合理、有效的施工质量检测方法是必须深入研究探讨的问题。

3.1.2 三大关键技术

临海复杂地层复合防渗止水帷幕体施工的三个重要环节构成了三大关键技术：①三轴搅拌桩施工技术；②高压旋喷桩施工技术；③防渗止水帷幕体施工质量检测和技术。

对于三轴搅拌桩施工技术，因基岩面上覆土体含有珊瑚礁碎屑和珊瑚礁灰岩，研究解决三轴搅拌桩可搅拌性问题和成桩质量均匀性问题。对不均匀性土体，应多次搅拌，水泥掺量要满足搅拌次数要求。

对于高压旋喷桩，主要是控制施工高程位置，实现上上下下的有效搭接。还要注意成桩直径大小，在珊瑚礁地区，其成桩直径要小于一般地层，一般直径取值不大于900 mm，要注意每米桩长的水泥用量，一般不小于350 kg。

对于复合止水帷幕体的成桩质量检测，在综合研究有损检测方法和无损检测方法的基础上，必须有针对性地选择合理、有效、经济的检测方法。

3.2 施工方案

坞室基础土石方开挖施工具有一定工作面后，沿坞墙底板周边开始帷幕灌浆的施工。在帷幕灌浆正式施工前，先进行先导孔施工，以确定满足设计要求的具体灌浆深度。

3.2.1 施工总部署

1. 施工总体思路及部署

根据现场实施条件以及南、北侧水域土石围堰填筑、沉箱安装等施工进展情况，先施工北侧陆域基岩面较浅部位，再施工陆域剩余部分，然后施工北侧水域土石围堰部位，最后施工南侧水域土石围堰部位；沉箱围堰部位止水体系按照先施工北侧顺岸沉箱围堰，再施工南侧顺岸沉箱围堰，最后由北向南施工堵口围堰的顺序进行施工。基坑围护体施工区域划分如图3-1所示。

2. 施工顺序

先施工陆域止水体系，再施工南、北侧水域土石围堰止水体系，最后施工沉箱围堰止水体系。

陆域及南、北侧水域土石围堰止水体系的施工顺序：预探孔→基岩面鉴定→三轴搅拌桩成桩→5 d后高压旋喷桩引孔→高压旋喷桩成桩。

沉箱围堰止水体系的施工顺序：升浆基床注浆→高压旋喷桩引孔→基岩面鉴定→高压旋喷桩成桩→帷幕灌浆。

3.2.2 施工工艺与流程

针对临海复杂地质条件下的典型地层，在垂直剖面上采用组合围护形式，综合采用高压喷射注浆法和水泥土搅拌法的施工工艺。采用三轴水泥搅拌桩可有效对中风化基岩岩石层以上（填土层、细砂层、含砂珊瑚碎屑和珊瑚礁灰岩岩层）的强透水层进行止水；采用高压旋喷桩对岩石层以及岩石层与含珊瑚礁碎屑层的交界面进行全封闭隔水。针对不同的珊瑚礁灰岩的岩层厚度以及岩层特性采用相应的施工工艺，对于岩层沿轴线方向长度大于2 m或厚度超过1.5 m的珊瑚礁灰岩岩层，先用1.2 m口径的大直径冲击钻钻机对灰岩进行破碎，回填砂土并压实后再施打三轴搅拌桩，以解决珊瑚礁灰岩可搅拌问题。当基岩面起伏较大时，本工法能够通过预钻孔、下放PVC管来消除钻孔孔底沉渣过厚，消除高压旋喷桩喷头不能下放到设计标高的影响，确保高压旋喷桩的施工质量。通过采用声波CT成像法检测三轴搅拌桩和高压旋喷桩的成桩质量，对于存在质量缺陷的部位重新预钻孔，下放PVC

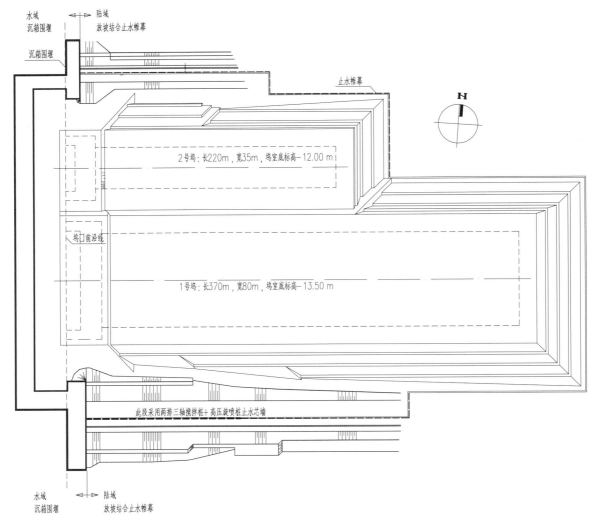

图 3-1　基坑围护体施工区域划分与平面图

管,再施工高压旋喷桩,以加固止水帷幕,提高防渗止水功能。

施工流程主要发挥地质超前钻探预报功能,以探孔查明基岩面埋深,以便确定三轴搅拌桩停打深度,并查明上覆土体中珊瑚礁灰岩分布情况,以便判断是否要采用大口径成孔钻机进行破碎处理。以预钻孔解决入岩难的问题,并方便高压旋喷桩进入基岩。采用钻孔内下放 PVC 管,一是检测成桩质量,二是方便声波测试,检测桩体质量。这三次钻孔均为重要的前置环节。具体的施工流程可参见图 3-2。

3.2.2.1　三轴搅拌桩施工工艺

1. 技术要求

基岩面以上土体包括珊瑚碎屑采用 Φ850@600 三轴搅拌桩止水芯墙,搅拌桩深度为基岩面以上 1 m。采用单排搅拌桩,其中,南侧水域土石围堰靠近沉箱区域 130 m 范围内设计为两排三轴搅拌桩,孔距 600 mm,排距 600 mm,梅花形布置,高压旋喷桩同样为两排。施工要求一桩一表及时记录搅拌桩的停打标高。具体深度以预探孔探明的实际强风化基岩面确定,桩体施工采用两喷两搅,套接一孔法施工工艺。搅拌桩垂直度偏差≤1/300,桩位偏差不大于 20 mm,桩体渗透系数小于 $3×10^{-5}$ cm/s。

2. 施工安排

三轴搅拌桩施工顺序:陆域施工 2 区→陆域施工 1 区→北侧水域土石围堰→南侧水域土石围堰。

施工前,先在施工轴线上进行预探孔施工,预探孔按照 1.2 m 间距布置 1 个,与三轴搅拌桩每幅桩

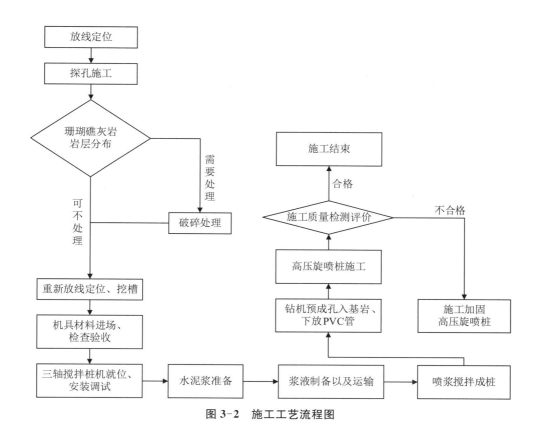

图 3-2 施工工艺流程图

的有效桩心距相同。预探孔施工的目的是探明防渗轴线上施工作业面强风化及中风化基岩面的高程,用以指导三轴搅拌施工桩底标高(施工深度)和高压旋喷桩装顶标高、桩底标高。

3. 工程量

三轴搅拌桩工程量如表 3-1 所示。

表 3-1 三轴搅拌桩工程量

序号	项目名称	单位	工程量
一	陆域止水帷幕		
1	预探孔	m	11 047
2	Φ800 三管高压旋喷桩钻孔	m³	7 543.59
二	北侧水域土石围堰		
1	预探孔	m	1 559.62
2	Φ800 三管高压旋喷桩钻孔	m³	1 431.59
三	南侧水域土石围堰		
1	预探孔	m	5 548.85
2	Φ800 三管高压旋喷桩钻孔	m³	7 170.06

4. 施工技术参数

三轴搅拌桩水泥掺入量为 20%,水灰比为 1.5 : 1。

钻机在钻孔下沉和提升过程中,钻头下沉速度为 0.5~1 m/min,提升速度为 1.0~1.5 m/min,每根桩应匀速下沉、匀速提升。

施工 2 区及北侧水域土石围堰三轴搅拌桩底部 2 m 范围内采用四搅四喷工艺成桩；施工 1 区及南侧水域土石围堰三轴搅拌桩底部 4 m 范围内采用四搅四喷工艺成桩。

设计施工桩底标高为基岩面以上 1 m，实际桩底标高至强风化基岩面。

5. 主要施工设备

根据本工程实际情况，结合以往施工经验，三轴搅拌桩机计划选用上海金泰工程机械厂有限公司研制的 BZ70 超强三轴式连续墙钻孔机，如图 3-3 所示。施工机械应配备记录仪(可记录施工过程中的水泥用量、施工深度等参数)及打印设备。制浆主要设备为灰浆搅拌机、灰浆泵、冷却泵及其配套设备。现场应配备水泥浆比重测定仪，以备质检人员和监理工程师随时抽查检验水泥浆水灰比。

设备型号	BZ70
钻孔直径/mm	850
钻孔头数	3
钻杆中心距/mm	600
钻杆转速/rpm	16
钻杆平均扭矩/(kN·m)	31.5
钻杆最大扭矩/(kN·m)	94.5
主机功率/kW	90×3

图 3-3　BZ70 超强三轴式连续墙钻孔机

6. 施工工艺流程

(1) 三轴搅拌桩施工顺序

当场地具备连续施工条件时，采用跳打式施工，如图 3-4 所示。若不具备条件，如在转角处或有施工间断情况下，采用单侧挤压式施工，如图 3-5 所示。

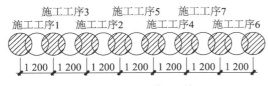

图 3-4　跳打式施工示意图(单位：mm)

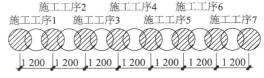

图 3-5　单侧挤压式施工示意图(单位：mm)

(2) 施工流程

施工流程如图 3-6 所示。

(3) 场地回填平整

三轴搅拌桩机施工前，必须先进行场地平整，平整宽度不小于 14 m，桩基作业平台区域内还需整平压实，确保施工场地路基承重荷载满足三轴搅拌桩机安全行走的要求。

(4) 测量放线

根据提供的坐标基准点，按照设计图进行放样定位及高程引测工作，并做好永久标志及临时标志。测量放线应进行复核，确认无误后再进行搅拌施工。

(5) 开挖沟槽

根据基坑围护内边控制线，采用挖土机开挖沟槽，并清除地下障碍物，开挖沟槽的余土应及时处理，以保证搅拌桩机正常施工，并达到文明工地要求，此施工过程中要关注作业面高程，施工工作面高

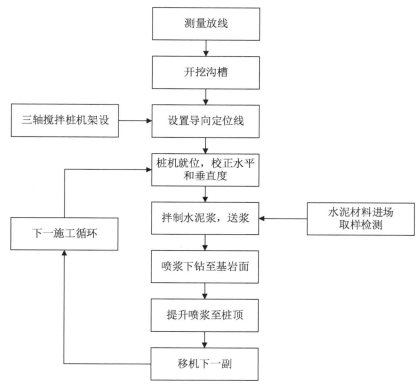

图 3-6 三轴搅拌桩施工工艺流程图

程应高于设计桩顶高程 0.3~0.5 m。

（6）定位线与搅拌桩孔位定位

三轴搅拌桩三轴中心间距：Φ850 mm 搅拌桩两轴距离为 600 mm，两桩相互搭接 250 mm，每个施工单元施工长度为 1.2 m。在平行于桩轴线、距离轴线 1.5 m 位置沿轴线方向设置定位线，根据划定的施工单元标识桩位。

沟槽开挖完成以后，再一次测量桩位及施工作业面高程，桩位使用一次性竹筷或电焊条精确标记。

（7）桩机就位

由当班班长统一指挥桩机就位，移动过程中，严禁碾压电缆和浆管，发现障碍物应及时清除，移动结束后认真检查定位情况并及时纠正，确认桩位无误后桩机就位。三轴水泥搅拌桩机定位后再进行定位复核，桩位偏差不大于 20 mm。

（8）桩机垂直度校正

根据桩机上的水平仪表控制调整桩机的垂直度，动力头外侧悬挂线锤，人工辅助检查。施工过程中配合经纬仪对桩机实时监测，桩沿轴线及垂直轴线方向偏差均≤1/300。

（9）水泥浆液拌制

严格按设计配比搅拌水泥浆，采用机带自动搅浆机制浆。开钻前对操作人员做好交底工作。根据设计要求，水泥掺入量为被加固土体重量的 20%，每幅桩的水泥用量为 400 kg/m，控制制浆总量。

（10）三轴搅拌桩机下沉与提升

喷浆搅拌下沉与喷浆搅拌提升：桩机就位后，钻头开始旋转下沉(下沉速度为 0.5~1 m/min)，喷浆直至设计孔深，在孔底原地搅拌喷浆约 30 s，开始提升钻杆(提升速度为 1.0~1.5 m/min)，提升过程中继续喷浆搅拌，直至高于设计桩顶 0.3~0.5 m 为止。每根桩应匀速下钻、匀速提升，钻杆在下沉和提升时均需均匀注入水泥浆液。

（11）弃渣清理

三轴搅拌桩施工时，压入的水泥浆经充分搅拌将置换出大量水泥土浆，流入预先开挖的沟槽内，在轴线一侧开挖沉淀池，水泥土浆经沉淀固结后，用挖掘机清理后由自卸车外运至指定地点。

7. 特殊情况处理

（1）冷缝处理

施工采用标准连续方式或单侧挤压连续方式，当相邻桩施工时间超过 10 h 时须采用复搅、外包加桩或高压旋喷桩等对施工冷缝进行处理。

（2）供浆中断处理

搅拌桩机喷浆时应连续供浆，喷浆搅拌过程中因故停浆不超过 10 h，恢复施工时宜将搅拌桩机下沉至停浆搅拌点以下 0.5 m，再搅拌提升。因故停机超过 3 h，应拆卸输浆管，彻底清洗管路。待处理完毕后，喷头重新下沉至事故点以下 0.5 m 重新喷浆处理。

（3）搅拌下沉无法钻进

本工程地层存在平均厚度 0.5～6.3 m 的珊瑚礁灰岩，抗压强度较高，施工中可能出现搅拌下沉无法穿过该层的情况。为满足施工需要，三轴搅拌桩机需更换特制钻头，通过试桩试验验证，加装特制钻头后，三轴搅拌桩机可以穿透珊瑚礁灰岩。如仍有不能穿透局部地层的情况，可采用潜孔钻机配合地质钻机提前钻进引孔施工，利用较密集的引孔将岩体破碎，以便三轴搅拌桩机能穿透该地层搅拌成桩。特制钻头如图3-7所示。

（4）拐点位置搅拌桩处理

按设计要求，每施工单元长度为 1.2 m。因设计拐点较多，对单段轴线总长超出 1.2 m 整数倍的，为满足设计要求，在超出 1.2 m 整数倍的地方，增加一个施工单元，个别场地不具备条件的，可适当增加与上一单元的套接长度。

（5）漏点检测及堵漏措施

如土石围堰在开挖过程中发现某处存在漏水点，则在对应漏水点止水轴线外侧布置潜孔钻机下设套管钻孔，钻孔底标高对应基坑开挖底标高以上 1～2 m，孔距 10 m，依次对钻孔套管内加高锰酸钾，运用高锰酸钾遇水变红的原理，在套管内使用水管流冲，观测基坑漏水点水质颜色，直至找到对应的漏点位置，使用高压旋喷桩对漏水点部位补喷一排高压旋喷桩加基岩帷幕灌浆处理漏水点，具体布置如图 3-8 所示。

图 3-7　特制钻头

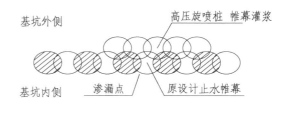

图 3-8　渗漏点处理方案示意图

（6）其他常见问题

其他常见问题及发生原因和处理方法见表 3-2。

表 3-2　三轴搅拌桩常见问题处理

常见问题	发生原因	处理方法
搅拌下沉困难,电流值大,开关跳闸	电压偏低	调高电压
	土质硬,阻力太大	适当加大浆液水灰比
	遇石块、砖块等地下障碍物	挖除障碍物,或移桩位
搅拌桩机下不到预定深度,但电流不大	土质黏性大或遇密实砂砾石等地层,搅拌机自重不够	增加搅拌机自重或开动加压装置
喷浆未到设计桩顶面(或底部桩端)标高,储浆罐浆液已排空	投料不准确	检查设定浆液量
	灰浆泵磨损漏浆	检修灰浆泵
	输浆流量控制偏差	调整输浆流量
喷浆到设计位置储浆罐剩余浆液过多	拌浆加水过量	重新率定称重装置
	输浆管路部分阻塞	清洗输浆管路
输浆管堵塞爆裂	输浆管内有水泥结块	拆洗输浆管
	喷浆口球阀间隙太小	调整喷浆口球阀间隙
钻头和混合土同步旋转	灰浆浓度过大	调整浆液水灰比
	搅拌叶片角度不适宜	调整叶片角度或更换钻头

8. 质量检验

① 成桩检测内容主要包括桩底标高、桩位偏差、桩径和施工间隙。质量检验标准见表 3-3。

表 3-3　成桩质量检验标准

序号	检查项目	允许偏差或允许值	检查数量	检查方法
1	渗透系数	$<3\times10^{-5}\,cm/s$	每 250 m 抽检 1 孔,不足 250 m 也应布设 1 孔	钻孔取芯后做注水试验
2	桩顶标高	$+100\sim-50\,mm$	每 500 m 开挖 1 处	水准仪测量
3	桩径	$\geqslant850\,mm$	每 500 m 开挖 1 处	钢尺测量
4	搭接	满足最小有效墙厚要求	每 500 m 开挖 1 处	钢尺测量
5	桩底标高	$\pm200\,mm$	每根	钢尺测量

② 开挖检查:成桩后沿止水体系轴线布设开挖检查点,每处开挖长度 3~5 m、深 2.5~4 m,检查桩体的完整性和均匀性、桩体间连接质量和墙体厚度,每 500 m 开挖 1 处。

③ 钻孔检查:成桩后 20 d 内沿止水体系轴线布设检查孔。通过所取芯样对三轴搅拌桩桩体的均匀性、完整性、连续性进行评价。每 250 m 抽检 1 孔,不足 250 m 也应布设 1 孔,取芯后的钻孔应进行灌浆封孔。

④ 注水试验:钻孔检查后对桩体每 5 m 进行一次常水头注水试验,通过注水试验检查桩体渗透系数。

⑤ 开挖和钻孔检查的具体位置由监理单位现场指定。

9. 质量保证措施

① 注浆量采用流量计控制,按照设计掺入比严格控制注浆总量。采用自动称量系统,按照设计水灰比自动制浆,并用比重计检查每桶浆液的比重。

② 土体应充分搅拌,严格控制钻孔下沉、提升速度,下沉和提升力求匀速,使原状土充分破碎,有利于水泥浆与土均匀拌和。

③ 浆液不能发生离析,水泥浆液应严格按预定配合比制作。为防止灰浆离析,放浆前必须充分搅拌均匀后再倒入存浆桶。

④ 压浆前检查输浆管路,检查时采用 0.8 MPa 压力送浆,确保畅通。压浆阶段输浆管道不能堵塞,不允许发生断浆现象,全桩注浆均匀,不得发生土浆夹心层。

⑤ 发生管道堵塞,应立即停泵处理。待处理结束后立即把搅拌钻具上提或下沉 0.5 m 后方能继续注浆,等 10~20 s 恢复提升或下沉搅拌,以防断桩。

⑥ 钻机提升时应有专人铲除钻头上黏附的泥块,以确保钻头再次下沉时泥土搅拌充分、均匀以及提升时桩身不出现空心。

⑦ 为确保桩头位置均匀密实,当喷浆提升至桩顶时,应静止喷浆数秒,然后继续提升。

⑧ 搅拌桩机立轴上使用红色油漆画上深度标尺,标尺与桩机搅拌头深度相对应,标尺每刻度为 50 cm。

⑨ 桩机钻头每个班交接前应进行检查,测量叶片长度,观察钻头叶片是否有磨损、缺失情况,发现类似情况不得开钻,需焊接维修至叶片直径不小于 850 mm,以确保施工桩径。

⑩ 三轴搅拌桩机依靠电源提供动力对土体进行搅拌置换,施工中要保障动力电源的不间断供应。现场配置了 600 kVA 的柴油发电机,防止突然停电,造成影响工程质量的事故。

如某幅桩在施工过程中发生突然断电情况(短时间),查明原因恢复供电之后,桩机钻头在停电时所在桩体高程下沉或上升 0.5 m 进行复喷施工,防止发生断桩。施工日志上要特别记录此桩位情况,后续检查孔施工可着重检查此桩,通过检查孔检查是否存在断桩,若存在断桩,则对此位置进行高压旋喷处理,处理完成之后,待凝期达到检查时间,再一次进行检查,彻底消除质量隐患。

如施工中因某些原因产生了施工冷缝或断桩,施工班组应及时上报冷缝或断桩产生的位置、高程以及产生的原因,施工日志上特殊记录此事,项目部对所有冷缝或断桩的位置、高程进行统计,待大面积施工完成之后对冷缝或断桩使用搅拌桩结合高压旋喷进行统一处理,具体处理方式参同冷缝处理方式进行。

3.2.2.2 高压旋喷桩施工工艺

1. 主要技术要求

桩体加固深度为进入中风化基岩面以下 1 000 mm 范围内,桩顶标高以搅拌桩停打位置深度以上 1 m 的标高为准。三重管高压旋喷桩直径 1 500 mm,有效直径 900 mm,有效桩径间搭接 300 mm。沿三轴搅拌桩轴线布置一排高压旋喷桩,桩间距 600 mm。当地层中存在大的渗漏通道时,高压旋喷桩施工时可添加适量水玻璃,主要目的是防止浆液大量串流,让注浆填充孔隙,并快速凝固。水玻璃掺量为水泥掺量的 3%~5%。桩体渗透系数小于 3×10^{-5} cm/s。

表 3-4 高压旋喷桩工程量

序号	项目名称	单位	工程量
一	陆域止水帷幕		
1	Φ900 三管高压旋喷桩内引孔	m	23 157.46
2	Φ900 三管高压旋喷桩空桩	m	13 381.78
3	Φ900 三管高压旋喷桩实桩	m	9 775.68
二	北侧水域土石围堰		
1	Φ900 三管高压旋喷桩内引孔	m	3 643.64
2	Φ900 三管高压旋喷桩空桩	m	2 509.09
3	Φ900 三管高压旋喷桩实桩	m	1 134.55

（续表）

序号	项目名称	单位	工程量
三	南侧水域土石围堰		
1	Φ900 三管高压旋喷桩内引孔	m	16 598.98
2	Φ900 三管高压旋喷桩空桩	m	13 211.47
3	Φ900 三管高压旋喷桩实桩	m	3 387.52
四	北侧顺岸围堰		
1	Φ800 三管高压旋喷桩钻孔	m	611
2	Φ800 三管高压旋喷桩空桩	m	1 786
3	Φ800 三管高压旋喷桩实桩	m	235
五	南侧顺岸围堰		
1	Φ800 三管高压旋喷桩钻孔	m	962
2	Φ800 三管高压旋喷桩空桩	m	2 812
3	Φ800 三管高压旋喷桩实桩	m	370
六	堵口沉箱围堰		
1	Φ800 三管高压旋喷桩钻孔	m	13 579.36
2	Φ800 三管高压旋喷桩空桩	m	36 833.91
3	Φ800 三管高压旋喷桩实桩	m	4 675.45

2. 施工安排

陆域及南、北侧水域土石围堰高压旋喷桩施工顺序：陆域施工 2 区→陆域施工 1 区→北侧水域土石围堰→南侧水域土石围堰。

沉箱围堰高压旋喷桩施工顺序：北侧顺岸沉箱围堰→南侧顺岸沉箱围堰→堵口沉箱围堰。

其中，陆域施工 1 区 K0＋264.9～K0＋315.3 和 K0＋362.1～K0＋527.4 两段含有石英砂岩地层区域，按原设计要求，进行高压旋喷复喷试验，提供试验结果。如复喷结果满足设计要求，则按复喷施工结果参数进行施工；如不能满足设计渗透系数要求，采用高压旋喷桩＋帷幕注浆的方案进行补强处理，直至满足设计要求。

3. 工程量

高压旋喷桩工程量如表 3-4 所示。

4. 施工技术参数

① 高压旋喷桩提升速度按照 10～12 cm/min 控制，旋转速度为 20 r/min，在粉土、砂性土层中应减慢提升速度，控制在小于 10 cm/min。

② 水切割压力：下沉为 10 MPa，提升为 33～35 MPa；流量为 80 L/min。

③ 浆液压力：12～15 MPa，流量为 65～75 L/min。

④ 压缩空气：压力为 0.7 MPa，流量为 6 m³/h。

⑤ 加灌高度：1 m（进入中风化基岩面以下 1.0 m，与三轴搅拌桩搭接 1.0 m）。

⑥ 水灰比：1∶1，泥浆比重为 1.51。

⑦ 喷浆次数：1 次。

5. 主要施工设备

（1）高喷桩机

根据本工程实际情况及施工进度计划，结合以往施工经验，配置了两台套高喷设备（GPJ-3 型）和高速制浆机等设备。GPJ-3 型液压高喷桩机为液压步履式底架，具有纵横向移动、对孔就位迅速、机动性强、结构紧凑、起落迅速、安全可靠等特点。可进行单管、双管、三管高喷施工，该技术达到国内领先水平。

（2）高压灌浆泵

高喷施工中的供水泥浆液系统的主要设备是高压灌浆泵及高压胶管。本工程采用 PP-120 型高压灌浆泵，其最大额定压力为 40 MPa，功率为 90 kW。其主要特点：结构简单，维护保养容易，部件寿命长；动力使用调速电机，只要旋转控制盘上的旋钮就可以很容易地改变泵的排量，适用于多种工法；各种按钮、指示表集中设置，操作方便。

（3）空压机

三管高喷注浆要用压缩空气与水泥浆同轴喷射，以提高主射流的喷射效果。

供气系统由空压机、流量计和输气管组成。目前，高喷注浆工程中常用 V 形活塞式风冷通用空气压缩机，排气压力为 0.5～0.8 MPa。本工程采用 V-3/7 型空压机。

6. 施工工艺流程

（1）陆域及水域土石围堰

三轴搅拌桩施工 5 d 后开始高压旋喷桩预成孔，预成孔结束后立即进行高压旋喷桩施工。南侧水域土石围堰靠近沉箱区域 130 m 范围内的两排高压旋喷桩，孔距 600 mm，排距 600 mm，梅花形布置，分两排施工，先施工临空侧排，后施工迎水侧排，每排分三序，先施工 Ⅰ 序孔，再施工 Ⅱ 序孔，最后施工 Ⅲ 序孔，如图 3-9 所示。

单排高压旋喷桩分三序进行施工，先施工 Ⅰ 序孔，再施工 Ⅱ 序孔，最后施工 Ⅲ 序孔，如图 3-10 所示。

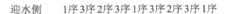
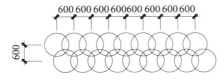
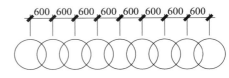

图 3-9　双排高压旋喷桩布置示意图（单位：mm）　　图 3-10　单排高压旋喷桩布置示意图（单位：mm）

施工流程如图 3-11 所示。

① 场地平整。高压旋喷桩机施工前，必须先进行场地平整，平整宽度不小于 6 m，作业平台区域内还需整平压实，确保施工场地路基承重荷载满足步履式重型桩架行走要求。

② 测量放线，钻机就位。由当班班长统一指挥桩机就位，移动过程中，严禁碾压电缆和浆管，发现障碍物应及时清除，移动结束后认真检查定位情况并及时纠正，确认桩位无误后桩机就位。成孔设备就位安装时机座要平稳，钻机应垂直于地面，立轴或转盘要与孔位对正，桩位的偏差不得大于 50 mm。造孔每钻进 5 m 用水平尺测量机体水平、立轴垂直，成孔偏斜率不应大于 1/300。

③ 孔口试喷。根据桩机上的水平仪表控制调整桩机的垂直度，钻机竖架上悬挂线锤，人工辅助检查，一般以线锤与伸出钢钉同心为准。在钻机钻进前进行孔口试喷，检验管线、设备状况良好。

④ 钻机钻进。高压旋喷桩机带水造孔钻进，在钻进水泥土部分时，水压力的主要作用为冷却钻头及向孔口返出钻渣，此过程中水压力不宜过大，以孔口返水为准，穿透三轴搅拌桩后，水压调整为 10 MPa，用以切割土体及基岩裂隙里的残留岩粉，随水压返出孔口。

⑤ 终孔验收。沉箱围堰部位高压旋喷桩进入强风化石英岩或强风化花岗岩1 m,南侧水域土石围堰、北侧水域土石围堰以及陆域止水体系高压旋喷桩进入中风化基岩深度不小于1 m,根据各部位预探孔探明的基岩面高程,确定每根高压旋喷桩终孔深度(桩底高程),钻孔终孔后,通知监理验收终孔深度,确认达到设计要求后,方可进入下一工序的施工。

⑥ 接通浆管,准备喷浆。水泥制浆站按照确定的施工水灰比进行浆液拌制,检查浆液比重,满足设计要求后,泵送至施工作业面。

⑦ 开始喷浆,钻杆上提。当高压旋喷桩钻头下放至设计深度后,先按规定参数进行原位喷射30 s,待浆液返出孔口、情况正常后方可开始提升喷射,由下而上喷射注浆。同一桩施工时因故停工时,应停止提升和旋喷,以防桩体中断,同时立即检查、排除故障,复工时停止位置复喷长度不小于0.5 m。

(2)沉箱围堰

沉箱围堰部位为3排Φ800高压旋喷桩,旋喷桩孔距600 mm,排距600 mm,梅花形布置。分3排施工,先施工1排和3排,再施工2排。每排分三序施工,先施工Ⅰ序孔,再施工Ⅱ序孔,最后施工Ⅲ序孔,如图3-12所示。沉箱围堰高压旋喷施工流程如图3-13所示。

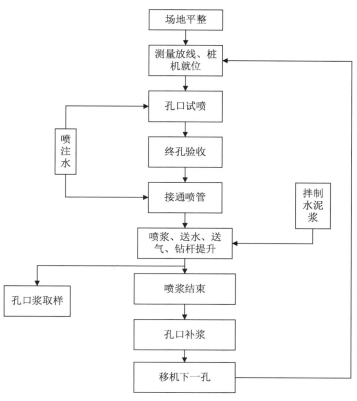

图3-11　高压旋喷施工流程图

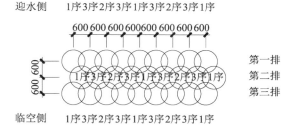

图3-12　三排高压旋喷桩布置示意图(单位:mm)

① 预埋注浆管检查。施工前对沉箱预埋注浆管进行检查测量,发现管内存有杂物或回填砂等,应先将管内清理干净,并经过复查合格后方可施工,沉箱回填砂前,注浆管口采用钢盖板焊接封堵管口,以防止砂堵塞注浆管。

② 桩机引孔。预埋注浆管检查验收合格后,桩机就位引孔,高压旋喷桩机带水造孔钻进,在钻进升浆基床部分时,水压力的主要作用为冷却钻头及向孔口返出钻渣,此过程中水压力不宜过大,以孔口返水为准,穿透后,水压调整为10 MPa,用以切割土体及基岩裂隙里的残留岩粉,随水压返出孔口。

③ 基岩面鉴定。沉箱围堰部位高压旋喷桩要求桩体进入强风化石英岩或强风化花岗岩1 m,钻孔终孔后,通知监理验收终孔深度,确认达到设计要求后,方可进行喷浆提升,若未达到设计要求,则继续引孔,直至达到设计要求。

④ 喷浆、钻杆提升。当高压旋喷桩钻头下放至设计深度后,先按规定参数进行原位喷射30 s,待浆液返出孔口、情况正常后方可开始提升喷射,由下而上喷射注浆。同一桩施工时因故停工时,应停止提升和旋喷,以防桩体中断,同时立即检查、排除故障,复工时停止位置复喷长度不小于0.5 m。

⑤ 特殊情况处理。

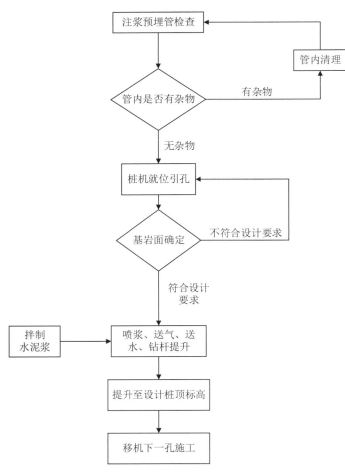

图 3-13   沉箱围堰高压旋喷施工流程图

钻孔事故：钻进出现塌孔缩孔时，将清水改为泥浆进行固壁钻进。

喷射中断：在喷射过程中，因故中断时间超过 30 min，必须准确记录中断位置。复喷时，将喷杆下入中断处以下 50 cm 复喷搭接，如喷杆下不到位，必须扫孔后再喷射。

在高压喷射注浆过程中冒浆量小于注浆量 20％为正常现象，超过 20％或完全不冒浆时，应查明原因，及时采取相应措施。

流量不变而压力突然下降时，应检查各部位的泄漏情况，必要时拔出注浆管，检查密封性能。

出现不冒浆或断续冒浆时，若系土质松软视为正常现象，可适当进行复喷；若系附近有空洞、通道，则应不提升注浆管继续注浆直到冒浆为止，或拔出注浆管待浆液凝固后重新注浆直至冒浆为止。

冒浆量过大的主要原因一般是有效喷射范围与注浆量不相适应，注浆量大大超过旋喷桩固结所需的浆量所致。

⑥ 质量检验标准如表 3-5 所示。

表 3-5   成桩质量检验标准

序号	检查项目	允许偏差或允许值	检查方法
1	渗透系数	$<3\times10^{-5}$ cm/s	钻孔取芯后做注水试验
2	钻孔垂直度	$\leqslant1.5\%$	实测或经纬仪测钻杆
3	钻孔位置	20 mm	尺量
4	钻孔深度	±200 mm	尺量
5	水灰比	$\geqslant1.51$	试验检验

⑦ 质量保证措施。

a. 控制三管高压旋喷导孔施工深度，注意观察导孔施工过程中的返浆情况，保证钻孔进入中风化花岗岩深度不小于 1 m。

b. 严格控制浆液配比，施工过程中针对每根桩进行浆液抽检。

c. 每次作业前检查喷嘴，作业时检查钻杆旋转速度、提升速度、高压喷浆压力及流量，保证施工参数符合设计要求。

d. 喷射注浆过程中需拆卸注浆管时，应先立即停止提升和回旋，同时停止送浆，然后逐渐减少风量，最后停机。拆卸完毕，继续喷射时，开机顺序也要遵循前述顺序，同时开始喷射注浆的孔段要与前段搭接至少 0.3 m，以防固结体脱节，造成断桩。

e. 详细真实地进行施工记录。

3.3　施工存在的问题

本工程施工存在主要问题如下。

（1）工期长

基坑开挖和基础施工的总工期超过 1 年,因此,基坑开挖后坡面暴露时间较长。

（2）附加荷载多

基坑护体在施工期间所需承受的附加荷载类型多,具体有:地下水水位上升附加荷载、台风与暴风雨附加荷载、基岩爆破震动附加荷载、施工现场基坑边材料堆放带来的附加荷载和施工车辆运行的附加荷载等。

（3）不利因素多

从施工过程来看,在施工期间存在的不利因素多,安全风险大。特别是基岩爆破开挖时的震动荷载对基岩原有裂隙会产生一定的破坏,并对止水帷幕墙体产生不利影响,若墙体强度不足,震动会导致墙体产生裂隙,使基坑止水帷幕破坏而出现渗漏水现象。在基坑止水帷幕的设计过程中,必须考虑这些不利因素的影响。

（4）安全要求高

基坑止水帷幕施工周期长,故对其隔水效果要求高,因附加荷载多,止水帷幕墙体必须具备一定强度。同时因本工程使用性质的特殊性,要求在基础施工过程中必须确保安全生产,比照有关规范,本基坑安全等级为一级。因此,在设计与施工基坑止水帷幕时,更应坚持"安全第一"的理念,确保本工程止水帷幕工程的设计质量和实际隔水效果。

因此,在施工过程中,须严格把控整个施工过程,尤其是关键工程的质量风险点,保证工程质量。

对于陆域三轴搅拌桩与高压旋喷桩组合体,其施工质量风险点在于以下几个方面:

① 高压旋喷桩、三轴搅拌桩有效水泥用量不足,桩体防渗效果达不到设计要求。

② 桩体搭接未满足要求,造成止水效果不佳。

可采取的质量保证措施如下:

① 正式施工前进行工艺性试桩,选取合理的施工参数,并对搅拌设备计量系统进行标定检测。

② 对每日完成桩数的水泥用量进行统计,与搅浆站的水泥用量进行对比,是否存在较大差异。

③ 每日完成的施工记录进行收集汇总,每星期进行水泥进场量、消耗量统计。

④ 对桩机流量计进行标定检测,每日统计总用浆量,与搅浆站总搅浆量进行比对。

⑤ 三轴搅拌桩桩长<15 m 时,底部 2 m 范围内采用四搅四喷工艺。

⑥ 三轴搅拌桩桩长>15 m 时,底部 4 m 范围内采用四搅四喷工艺。

⑦ 通过测量对桩位及垂直度进行复核,确保桩位、垂直度均满足要求。

⑧ 严格控制桩底、桩顶标高,对于地质变化较大的区域位置,预探孔、三轴搅拌桩、高压旋喷桩资料相互检查闭合。

3.4　施工检测要求

3.4.1　检测目的及内容

考虑到含珊瑚碎屑和珊瑚礁灰岩土层的均匀性极差,以及基岩面起伏较大,由三轴搅拌桩与高压旋喷桩组合的止水帷幕施工质量难以保证,常会出现下列问题:①注浆搅拌和注浆过程中断或搅拌不均匀,造成桩体在垂直方向上的不连续;②当钻头在深部注浆时发生偏移或移机间距过大,造成桩体在横向上的不连续;③施工时桩长达不到设计桩长,尤其是未进入基岩。这些质量隐患容易导致基坑侧壁发生渗漏等问题。

因此,在止水帷幕施工完成后及时进行检测,确定止水帷幕的质量隐患部位,及时进行补救处理具有重要意义。

止水帷幕的质量检验主要反映在三个方面:桩体的强度、桩体的均匀性和桩身长度。目前,工程中常用的检测手段是钻孔取芯法和各种无损检测法。通过比选,本工程采用声波 CT 成像法对止水帷幕施工质量进行检测。

3.4.2　检测的重点部位

检测的重点部位是止水防渗系统容易出现质量缺陷或者质量要求较高的部位。从平面上讲包括结构转角部位、两种止水结构体连接处等;从剖面上讲,包括土层较差处、地层厚度变化处、覆盖层与基岩交界面,特别是基岩起伏较大部位等。

在检测工作过程中,应在重点部位、重点区域加密检测点的布置,同时应采取多种检测方法综合评判防渗围护体的止水效果。

4 防渗检测原理与方案

为检测本工程防渗系统的陆域止水帷幕施工质量和评判止水效果,采用单孔波速试验、跨孔声波CT成像技术、钻孔全景成像等物探和测试技术,在钻孔过程中连续取芯进行室内典型试块的波速试验,选择典型断面进行现场原位压水试验等,通过物探、钻探、原位试验和室内土试等多种手段和技术方法对陆域止水帷幕体的止水效果进行综合评价。

4.1 检测目的

(1) 通过全景钻孔成像、钻孔取芯岩性描述,获取基坑止水帷幕结构整体的密实信息、封闭性、防渗性能,检测桩体施工质量连续性、均匀性,特别是检测三轴搅拌桩与高压旋喷桩搭接处、基岩面以上强风化层高压旋喷桩的施工质量。

(2) 采用跨孔声波CT成像技术检测从孔口至入岩深度5 m范围内两孔间检测剖面内是否存在严重缺陷(包括孔洞、渗流通道等)。

(3) 通过压水试验获得渗透系数与止水帷幕体波速的相应关系,判断止水帷幕体施工质量是否达到设计要求,从而判断止水帷幕体防渗性能。

(4) 根据检测结果,在现场钻孔取芯验证检测结果,划分桩体施工质量等级,同时提出加固处理意见。

4.2 检测原理

4.2.1 钻孔全景成像

采用全景数字摄像方法获取钻孔孔壁影像信息,最终得到孔壁三维影像图,以准确直观地反映孔周边施工桩体结构分层、密实性、缺陷等情况,并用于后续分析中与CT波速检测成果相对比。

数字式全景钻孔摄像系统是一套先进的智能型勘探设备。它集电子技术、视频技术、数字技术和计算机应用技术于一体,解决了钻孔工程地质信息采集的完整性和准确性问题,摆脱了钻孔摄像技术长期停留在模拟方式下以观察为主的钻孔电视模式,将其推向更高层次,即数字方式下的全景技术。该系统不仅具有全景观察的能力,而且还有测量、计算和分析功能,可广泛应用于水利、土木、能源、交通、采矿等领域的地质勘探、工程安全监测及工程质量检测。

系统的总体结构如图4-1所示,它由硬件和软件两大部分组成。

1. 硬件部分

硬件部分由全景摄像探头、图像捕获卡、深度脉冲发生器、计算机、录像机、监视器、绞车及专用电缆等组成。其中,全景摄像探头是该系统的关键设备,其内部包含可获得全景图像的截头锥面反射镜、提供探测照明的光源、用于定位的磁性罗盘以及微型CCD摄像机。全景摄像探头采用了高压密

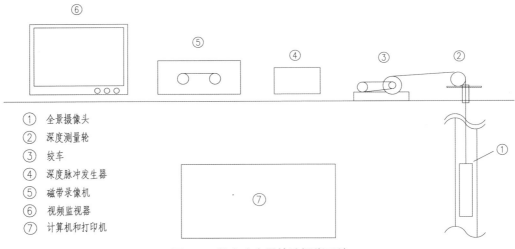

① 全景摄像头
② 深度测量轮
③ 绞车
④ 深度脉冲发生器
⑤ 磁带录像机
⑥ 视频监视器
⑦ 计算机和打印机

图 4-1　数字式全景钻孔摄像系统

封技术,因此,它可以在水中进行探测。深度脉冲发生器是该系统的定位设备之一,它由测量轮、光电转角编码器、深度信号采集板以及接口板组成。

2. 软件部分

软件部分包括用于现场使用的实时监视系统和用于室内处理的统计分析系统两大部分。在使用的条件和目的方面,它们有很大的区别,但在功能上它们又有相同之处。

(1)实时监视系统用于探测过程的实时监视和实时处理;实现对硬件的控制,包括捕获卡、深度接口板等;图像的快速存储;图像的快速还原变换及显示;探测结果的快速浏览;实时计算与分析,包括计算结构面产状、隙宽等。

(2)统计分析系统用于室内的统计分析以及结果输出;单纯的软件系统,不单独对硬件进行控制;图像数据来源于实时监视系统的结果;优化的还原变换算法,保证探测的精度;具有单帧和连续播放能力;能够对图像进行处理,形成各种结果图像,包括图像的无缝拼接、三维钻孔岩芯图和平面展开图;具有计算与分析能力,包括计算结构面产状、隙宽等;能够对探测结果进行统计分析,并建立数据库;拥有良好的用户界面,便于二次开发。

4.2.2　跨孔声波 CT 成像检测

声波 CT 成像检测具体包含四项内容:①跨孔声波 CT 成像检测;②单孔波速测试;③室内岩芯波速测试;④室内试样抗渗试验。

1. 跨孔声波 CT 成像检测

跨孔声波 CT 成像检测,即采用声波层析成像方法获得两测试钻孔间剖面的波速分布,并结合工程地质、设计资料分析得出桩体内部结构、质量等信息,初步判断桩身质量较差部位。

声波 CT 检测是利用孔间、洞间及临空面等施测条件,在被测区域采用一发多收的扇形观测系统,即在一侧单点发射,另一侧多点排列接收,并按观测系统设计逐点进行扫描观测,构成致密交叉的射线网络。然后根据射线的疏密程度及成像精度划分规则的成像单元,运用弯曲射线追踪理论,采用特殊的反演算法形成被测区域的波速图像,并以此来划分岩体的质量,确定地质构造及软弱岩带的空间分布。声波 CT 检测的精度和效果取决于被测区域地质的分布形态、物理力学性质及弹性波传播路径等客观因素;同时也与测试条件、观测精度、射线网度、约束力度、单元划分、反演算法、插值技术及图示方法等主观因素有关。声波 CT 检测典型测试布置如图 4-2 所示。

通过声波 CT 检测,反映两个钻孔之间截面上的岩体物理力学特征,实现面积测量,具有单一钻孔测量无可比拟的优势,探测结果具有高精度、高可信度的优点,对重点部位的剖面利用层析技术反演该剖面的波速分布,可以准确评价勘探区域止水帷幕的均匀性等情况。声波 CT 检测结果最终为检测剖面内的波速等值线图,从波速等值线图可以看出低波速区域的分布状态,在检测剖面中的具体位置,同时可获得低波速区域的波速值范围,从而可确定低波速区域(潜在漏水区域)的连通情况,为防渗体加固处理提供准确定位。

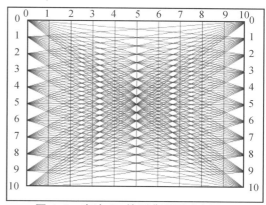

图 4-2 声波 CT 检测典型测试布置
示意图(单位: m)

声波层析成像技术能够在不损坏物体的前提下,得到物体内部的物理参数分布、几何形态等信息。它一般是通过接收在物体外部发射并且穿过物体而携有物体内部各种信息的物理信号,利用计算机重建技术,重现物体内部结构。层析成像技术能够通过接收炮点与检波点之间的地震波旅行时间,利用计算机技术反演得到勘探区域的速度结构,从而为解决此问题提供了一个切实可行的方法。

2. 单孔波速测试

(1)测试原理

单孔波速测试原理如图 4-3 所示。通过发射和接收声波的时间间隔,计算固定传播距离内的波速,判断岩体物理力学性能,是波速检测技术的常用方法。

根据震源和钻孔中检波器的位置,单孔波速测试法包括地表激发孔中接收法、孔中激发孔中接收法、孔中激发地表接收法和孔底法 4 种,其中地表激发孔中接收法是目前波速测试过程中最常用的方法。所谓地表激发孔中接收法,主要是指从地面激发产生的弹性波由钻孔中的检波器接收,由于弹性波的传播途径类似于天然地层中岩土由下向上的传播,多采用此方法来分析地层。如果地面震源进行正反向激发,那么会形成 S 波;如果在孔口附近垂直激发,那么相应地会形成 P 波。S 波与 P 波的特征不同,主要表现在三个方面:①S 波比 P 波的传播速度慢;②越往钻孔的深处,S 波振幅越大,频率越低,P 波与之相反,振幅小,频率高;③如果水平激发,S 波相位向反方向发生改变,而 P 波的相位不会发生改变。根据上述特征,可以非常容易区分 S 波与 P 波(图 4-4)。

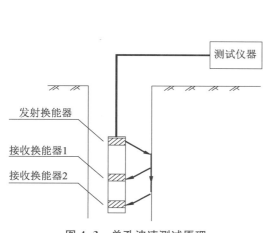

图 4-3 单孔波速测试原理

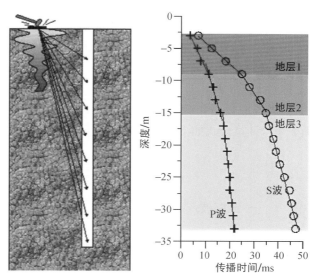

图 4-4 单孔波速测试示意图

（2）测试方法

单孔波速测试一般采用单孔地表激发孔中接收法，即地面激发弹性波，孔内由三分量传感器接收。当地面震源采用叩板时可正反向激发，并产生剪切波，利用剪切波震相差180°的特性来识别剪切波的初至时间。记录仪器由井中的三分量传感器和地震仪构成（图4-5）。

叩板震源一般距所测孔口2～5 m，平放1块木板，测试孔应位于木板长轴的中垂线上。木板长2～3 m，宽约0.5 m，厚0.2～0.3 m，上压500～1 000 kg的重物使木板与地面紧密接触。当分别水平敲击木板两端时，产生剪切波，垂直敲击木板时产生压缩波。三分量检波器置于井中某一深度，接收由震源产生的弹性波信号，并通过连接电缆传输到工程动测仪中记录并存储，以备后期数据处理之用。

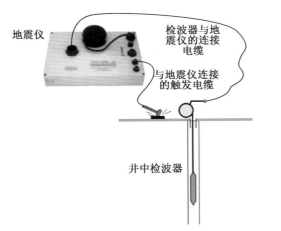 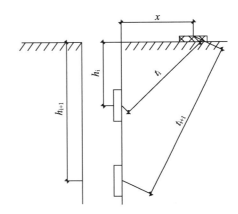

图4-5　单孔波速测试系统构成与地上S波激发源　　　图4-6　波速计算示意图

（3）现场测量步骤

① 将井中三分量检波器下放至预定的深度，将气囊充气或打开支架使探头贴紧井壁，从而准确记录P波和S波。

② 将叩板置于靠近井口位置并用重物压紧，用于激发S波和P波。

③ 重锤垂直敲击叩板产生P波，记录P波走时。

④ 锤击叩板一侧，产生S波，探头在相同深度接收信号并记录走时，然后改变震源方向的极性，即锤击另一侧并记录。

⑤ 检查数据质量是否合格，若无问题，则松开检波器并移至下一个深度。在需要的深度间隔重复此流程，直到获得一套完整的测量数据。

（4）波速计算

由于震源板离孔口有一定距离，所以计算测段内地层波速时需计算弹性波的非纵测线旅行时间（图4-6），计算公式如下：

$$t' = t \frac{h}{\sqrt{h^2 + x^2}} \tag{4-1}$$

式中　t'——压缩波或剪切波从震源到接收点经斜距校正后的时间（s）（相当于波从孔口到接收点的时间）；

t——压缩波或剪切波从震源到接收点的时间（s）；

x——接收点距离孔口的垂直距离（m）；

h——震源板中心与测试孔中心的距离（m）。

每一波速层的压缩波速度或剪切波速度按照下式计算：

$$V = \frac{\Delta H}{\Delta t} \qquad\qquad (4-2)$$

式中　V——压缩波或剪切波速度(m/s)；

　　　ΔH——波速层厚度(m)；

　　　Δt——压缩波或剪切波到达波速层顶面和底面的时间差(s)。

3. 室内岩芯波速测试

声波测试理论基础建立在固体介质中弹性波的传播理论中。该方法是利用一种声源信号发射器(发射系统)，向由压电材料制成的发射换能器发射一电脉冲，激励晶片振动，发射出的声波在测试材料中传播，后经接收器接收，把声能转换成微弱的电信号送至接收系统，经信号放大后在屏幕上显示出波形，从波形上读出波幅和初至时间(t)，由已知的测试材料距离(L)，便可计算出声波在测试材料中传播的纵波波速(V_p)。具体试验操作过程将在后续章节介绍。

4. 室内试样抗渗试验

室内抗渗试验原用于建筑工程项目混凝土的抗渗性能检测，对基坑防渗止水系统的钻孔岩芯试块检测是高标准要求。

（1）试验目的

获取岩芯的抗渗性能，对比芯样波速试验，用于辅助评价渗漏部位。

（2）试验原理

通过加压，研究在不同压力下混凝土的抗渗性能，以3个试件渗水时的水压力作为混凝土本身所能承受的最大水压力数值。用字母P和阿拉伯数字表示抗渗等级。

（3）试验过程

① 将试件表面晾干，然后将其侧面涂一层融化的密封材料，随即在螺旋或其他加压装置上，将试件压入经烘箱预热过的试件套中，稍冷却后解除压力，连同试件套在抗渗仪上试验。

② 试验从水压为0.1 MPa开始，以后每隔8 h增加水压0.1 MPa，并且要随时注意观察试件端面的渗水情况。

③ 当6个试件中有3个试件端面呈现渗水现象，即可停止试验，记下当时的水压。

④ 以每组6个试件中4个试件未出现渗水的最大水压力计算，计算公式为

$$P = 10H - 1 \qquad\qquad (4-3)$$

式中　P——抗渗等级；

　　　H——6个试件中3个试件渗水时的水压力(MPa)。

4.2.3　压水试验

通过压水试验获得渗透系数，并与止水帷幕体波速建立相应关系，获取基坑止水帷幕结构整体的密实信息、封闭性和防渗性能，检测桩体的施工质量，判断止水帷幕体防渗性能，特别是检测三轴搅拌桩与高压旋喷桩搭接处、基岩面以上强风化层高压旋喷桩处的施工质量，从而保证船坞围堰工程止水体系的施工质量。

将需要进行试验的孔段单独隔离出来，按三级压力、五个阶段对试段进行分段加压，同时向试段注水，观察固定时间内对应压力下的注水流量，然后根据流量与压力关系计算渗透系数。

1. 试验原理

压水试验，即钻孔压水试验，它是一种在钻孔内用栓塞将钻孔隔离出一定长度的孔段，并向该孔

段压水,根据压力与流量的关系确定岩体渗透特性的一种渗透试验。它的主要目的是测定和评价岩体的透水性,为止水帷幕体工程的设计、施工和质量检验提供基本资料。压水试验一般可分为简易压水、正规压水(单点法压水试验、五点法压水试验)、高压疲劳性压水、破坏性压水等类型。

压水试验的原理普遍使用单点法压水试验揭示,当试验压力为 P(作用于试段内的全压力),压入流量为 Q(L/min),试段长度为 L(m)时,透水率 $q = Q/(PL)$,单位为吕容(Lu)。其意义是,当试验压力为 1 MPa,每米试段的压入流量为 1 L/min 时,该试段的透水率为 1 Lu。

2. 试验设备

(1) 止水栓塞

止水栓塞是压水试验的关键设备。目前国内使用的止水栓塞有双管循环式、单管顶压式、水压式和气压式等类型。双管循环式栓塞的优点是不必考虑管路压力损失,缺点是需要下两套管子,对小口径金刚石钻孔不适用,且操作费时,钻孔较深时尤其如此,这种栓塞目前已很少采用。单管顶压式栓塞的优点是操作简单,缺点是栓塞长度较短,当孔壁岩石较破碎时,止水效果较差。水压式和气压式栓塞的共同特点是胶囊易与孔壁紧贴,即使在孔壁不太平直的情况下,也能实现面接触,且栓塞较长,止水可靠性好,对不同孔径、孔深的钻孔均能适应,操作比较方便。水压式栓塞的缺点是试验结束后胶囊内的水不易排放干净。气压式栓塞的缺点是在钻场上需要有一套高压充气装置。从止水可靠性的角度考虑,宜优先选用气压式或水压式栓塞。如试验压力较大,还可采用油压式栓塞。不管采用何种止水栓塞,其长度均不应小于 8 倍钻孔孔径。

(2) 钻孔及供水设备

钻孔及供水设备主要是钻机、水泵、水管及供水调节阀门,必须保证设备的压力稳定,出水均匀。阀门应灵活可靠,使压力迅速调节到预定值。胶皮水管易造成较大压力损失,应尽量避免使用。

(3) 量测设备

量测设备主要有用于量测压力的压力表、用于水位观测的水位计、用于流量观测的流量表、计时钟表等。设备应符合下列要求:

① 压力传感器的压力范围应大于试验压力。

② 压力表应反应灵敏,卸压后指针回零。压力表的工作压力应保持在极限压力值的 1/4~1/3 范围内。

③ 流量计应能在压力下正常工作,量测范围应与供水设备的排水量相匹配,并能测定正向流量和反向流量。

④ 水位计应灵敏可靠,不受孔壁附着水或孔内滴水的影响,水位计的导线应经常检测。

4.3 检测方案

1. 检测方案设计原则

(1) 对止水帷幕体采用全周长、全断面、封闭式检测。

(2) 采用点、线、面多种手段综合检测:点式检测是指岩芯试块波速测试、室内抗渗试验;线式检测包括压水试验、单孔波速测试、钻孔全景成像;面状检测是指跨孔声波 CT 成像。

(3) 平面上,在止水帷幕中心布置测试孔,孔距 30 m;剖面上,测试孔进入基岩内 5 m。

(4) 采用综合各种测试手段的检测成果来综合评判止水帷幕体施工质量。

2. 设计检测工作量

在陆域和土石围堰区域共设计测试孔 67 个,孔号为 ZK01—ZK43,ZK66—ZK78,ZK90—ZK100,累计进尺 1 825.2 m,每孔进行岩芯波速测试、单孔波速试验、声波 CT 成像和钻孔全景成像。压水试验单独设孔,根据工程经验,在地质条件较差或工程转角等相对薄弱环节设置。结合施工组织设计,分为Ⅰ(北侧陆域)、Ⅱ(南侧陆域)、Ⅲ(土石围堰)3 个施工段(图 4-7),每段安排 3 孔压水试验,共 9 孔,每孔 4 个试验段,现场共计进行 36 段压水试验。

图 4-7　船坞基坑围护工程全貌

3. 检测孔垂直剖面布置

检测孔在垂直剖面上,为适应检测孔平面间距的要求,原则上要进入基岩 5 m,进入桩端以下 4 m,但在土层厚度较大处,以进入桩端以下 4 m 为控制条件。检测孔垂直剖面布置如图 4-8 所示。

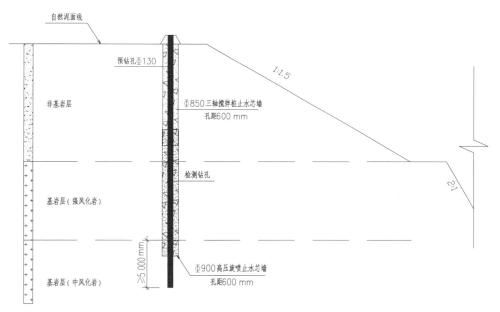

图 4-8　检测孔剖面布置图

4. 检测孔布置

检测孔在平面位置上布设在止水帷幕体的轴线上,间距原则上为 30 m,在止水帷幕体的角点、不同围护形式交接处、地质条件变化处等加密钻孔,具体测试孔平面位置布置如图 4-9 所示。

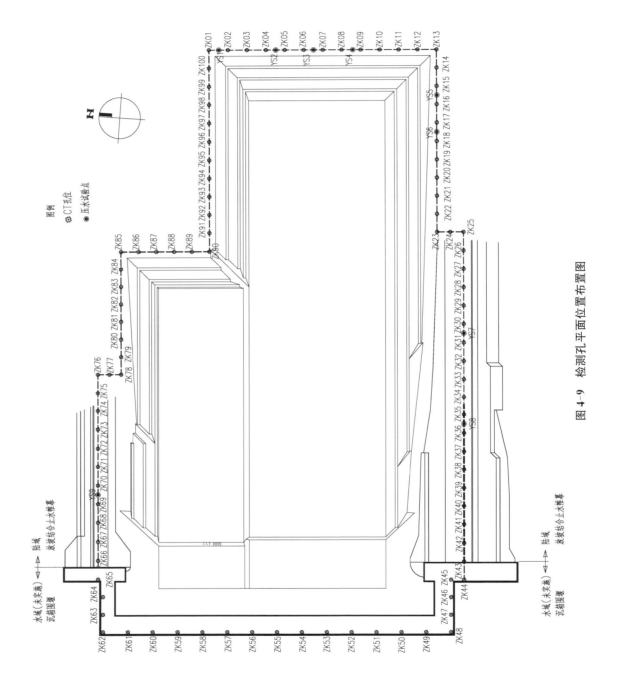

图 4-9 检测孔平面位置布置图

5 检测过程及成果分析

5.1 检测方案的实施

在本工程陆域和土石围堰区域止水帷幕施工完成,且三轴搅拌桩与高压旋喷桩已养护到设计强度后(一般不少于 28 d),进行止水帷幕的质量检测工作。

根据设计要求,首先进行试验钻孔钻进并取止水帷幕芯样,同时在室内进行岩芯波速测试,在室外进行单孔波速测试、跨孔 CT 成像、钻孔全景成像和压水试验。

检测工作时间为 2017 年 10 月—2018 年 2 月。

5.1.1 检测仪器和设备

本次检测工作主要使用的仪器设备见表 5-1。所有仪器均经过计量机构检定并确认合格,满足本次检测工作的需要。

表 5-1　主要检测仪器设备

序号	设备名称	编号	型号	检定日期	有效日期	数量
1	无线超声波 CT 成像检测仪	10230M0011	YL-PCT	2017.12.14	2018.12.13	1 套
2	超声波检测仪	10202M0012	YL-PST(C)	2017.12.07	2018.12.06	1 套
3	万能试验机	31009010#	SHT4605	2017.10.16	2018.10.15	1 台
4	钻孔成像分析仪	20600L0016	YL-IDT	2017.08.09	2018.08.08	1 套
5	自动加压渗透仪	000005094	HP-40 型	2017.05.12	2018.05.11	1 套

5.1.2 检测工作量

本次检测完成的工作量统计如下。

1. CT 成像检测工作量

除北侧陆域 ZK79—ZK89 号共计 11 个钻孔因现场实际条件限制,未进行岩芯波速测试、单孔波速测试、声波 CT 测试外,其余陆域钻孔均完成相应 CT 成像检测工作:

(1)现场共完成 67 孔(每孔 3 组试件,合计 201 组试件)的岩芯波速测试。

(2)现场共完成 67 孔的单孔波速测试。

(3)现场共完成 65 个断面的声波 CT 测试。

2. 压水试验与室内抗渗试验工作量

本次检测对于陆域和土石围堰区域,共完成 9 孔压水试验,每孔 4 个试验段,现场共计完成 36 段压水试验,完成 67 孔、每孔 6 个试样的抗渗试验。

3. 钻孔全景成像工作量

因现场实际条件限制,对北侧陆域 ZK79—ZK89 等 11 个钻孔开展全息成像检测,对陆域其他钻孔,现场共完成土石围堰和部分陆域部位 67 孔的全景成像检测。累计进尺 1 469 m,除深厚土层外,检测孔每孔进入基岩 5 m。

5.1.3   钻孔取芯

钻孔阶段进行全孔取芯,验证勘察成果,为后续试验提供依据及芯样。部分钻孔取芯成果如图 5-1 所示。

图 5-1   钻孔岩芯

从图 5-1 可以看出,ZK17、ZK18 两孔在中间部位存在明显的岩芯破碎段。这与后面的单孔波速测试曲线相吻合。

5.1.4 单孔波速测试

单孔波速测试过程如下:

(1) 对声波仪器设备进行检查,内容包括触发灵敏度、探头性能、电缆标记。

(2) 测量柱状发射和接收探头在水池中不同间距进行的声时,绘制 3~4 个测点曲线求取零值。

(3) 检查仪器的参数设置:①采样间隔为 0.1 μs;②采样长度为 512 样点/道;③触发方式宜有内触发方式;④频带宽为 20 kHz;⑤发射脉宽为 20 μs。

(4) 测试前,往孔中注满水,以水为耦合进行测试。测试采用的探头两端密封,水管从探头接线端穿入密封空间,向密封空间中注水测试。

(5) 使用导向杆准确放置一发双收换能器探头,并记录检测点距孔口的深度。

(6) 现场测试过程:①先用直径和重量略大于测试探头的重物对测试孔进行探孔;②连接"一发双收"声波探头;③从孔底向孔口测试,点距 0.5 m,每测试 10 个点应校正一次深度。

5.1.5 岩芯波速测试

室内岩芯波速测试设备与过程如下:

(1) 按图 5-2 要求连接仪器、换能器和岩石试件。

(2) 仪器各参数设定。输入试验部位、点号及起始区间,并设定采样参数:①采样间隔为 0.1 μs;②采样长度为 512 样点/道;③触发方式宜有内触发方式;④频带宽度为 20 kHz;⑤发射电压设置为低电压;⑥发射脉宽为 20 μs;⑦放大倍数为 10 倍。

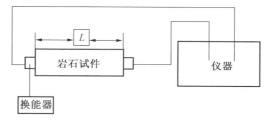

图 5-2 岩芯波速测试示意图

(3) 按下仪器测量键,搜索调节仪器接收波形,对波形进行采样、读时、读幅、读频、存储。

(4) 对测量数据进行分类整理、统计及成果图件绘制打印。

5.1.6 跨孔声波 CT 成像

现场测试过程如下。

1. 现场采集系统架设

(1) 打开仪器电源,检查仪器电量,确认无误后可暂时关闭仪器,以节省电量。

(2) 选择干燥稳固位置放置仪器,并调整仪器显示屏角度以方便观察。

(3) 选择稳固位置架设三脚架,并保持深度计数器卡口水平。

(4) 将深度计数器下部对准卡口,并从三脚架底部向上将固定螺丝拧紧,将竖直理线轴对准桩的方向。

(5) 在声测管管口安装管口滑轮,以防换能器电缆在提升过程中被管口毛刺损伤。

(6) 将换能器放到管底,并保持管口深度一致。

(7) 逐一收紧各管换能器电缆,保持换能器在同一深度。

(8) 打开深度计数器盖,将换能器电缆顺序放进深度计数器线槽中,并向下压紧锁住深度计数器盖。

(9) 将深度编码器接头连接仪器。

2. 现场仪器连接

（1）打开仪器设备，检查电源供电情况。

（2）确定管的编号，并正确与仪器相应通道接口连接。

（3）将探头放入相应的管中，再按管的编号将探头接在仪器对应通道上。

3. 设定采样参数

采样间隔设置为 1 μs；采样点数设置为 512 点；发射脉宽设置为 20 μs；发射电压设置为低电压；波幅阈值线取 10。

4. 进行声时修正

使用计量过的游标卡尺测量声测管外径、内径、探头直径，并输入超声波在钢管中的传播速度（取 5 940 m/s）和水中声速（取 1 500 m/s），设置完成后点击修正时间的空白处，算出管水修正时间。

5.1.7　钻孔全景成像

现场完成南侧陆域共计 7 孔的钻孔全景成像检测。

（1）检查钻孔：钻孔冲洗干净，且无孔壁残留附着物，井液清澈透明。

（2）将三脚架与绞车、滑轮、井下探头等安装好，与主控制器连接，各项功能正常。

（3）测试前，先使用直径和重量略大于探头的探棍对测试孔进行探孔，预防测试过程中出现卡孔现象。

（4）测试时，将探头下放到钻孔内，采用探头扶正器，使探头居中，并将孔口图像的中心放在第一幅采集图像高度的中心点，孔口深度置零。

（5）打开各项仪器电源，并打开图像采集软件，调出动态视频，观察孔壁图像。

（6）对钻孔全景图像进行检查，对不合格的资料进行重测。

5.1.8　压水试验

压水试验工作包括洗孔、下置栓塞隔离试段、水位测量、仪表安装、压力和流量观测等内容。

现场压水试验操作步骤如下：

（1）试验开始时，应对各种设备、仪表的性能和工作状态进行检查。

（2）钻孔：本次压水试验钻孔的孔径为 91 mm，采用金刚石或合金钻进。

（3）洗孔：采用压水法，洗孔时将钻具下放到孔底，流量达到水泵的最大出力，且洗孔时间不得少于15 min，洗孔至孔口回水清洁，肉眼观察无岩粉。

（4）试段隔离：自上而下地用双栓塞分段隔离进行钻孔，将栓塞准确安设在岩石较完整的部位，试段长度一般为 5 m，局部为 4 m。接头处采取严格的止水措施并对压水试验工作管进行检查，无破裂、弯曲、堵塞等现象。

（5）水位观测：下栓塞前首先观测一次孔内水位，试段隔离后，再观测工作管内水位（工作管内水位观测每隔 5 min 进行一次，当水位下降速度连续两次均小于 5 cm/min 时，水位观测工作即可结束）。

（6）压力和流量观测：

① 在向试段送水前，打开排气阀，待排气阀连续出水后，再将其关闭。

② 调整调节阀，使试段压力达到预定值并保持稳定。

③ 压水试验按三级压力、五个阶段，即 P1－P2－P3－P4（＝P2）－P5（＝P1），P1＜P2＜P3 进行，其中，P1，P2，P3 三级压力分别为 0.3 MPa，0.6 MPa 和 1 MPa。

④ 用安设在与试段连通的测压管上的压力计测压,试段压力按式(5-1)计算:

$$P = P_p + P_z \tag{5-1}$$

式中 P——试段压力(MPa);

       P_p——压力计指示压力(MPa);

       P_z——压力计中心至压力计算零线的水柱压力(MPa)。

压力计算零线的确定应遵守下列规定:

地下水位在试段以下时,压力计算零线为通过试段中点的水平线;

地下水位在试段以内时,压力计算零线为通过地下水位以上试段中点的水平线;

地下水位在试段以上时,压力计算零线为地下水位线。

⑤ 流量观测工作每隔 2 min 进行一次。当流量无持续增大趋势,且 5 次流量读数中最大值与最小值之差小于最终值的 10%,或最大值与最小值之差小于 1 L/min 时,本阶段试验即可结束,取最终值作为计算值。

⑥ 将试段压力调整到新的预定值,重复上述试验过程,直到完成该试段的试验。

⑦ 在试验过程中,对附近受影响的露头、井、硐、孔、泉等进行观测。

⑧ 在压水试验结束前,检查原始记录是否齐全、正确。

由于现场条件限制,应建设单位要求,本次专项质量检测过程中取消了对沉箱围堰区域的压水试验检测。

5.2 检测成果及数据处理与分析

5.2.1 评价思路

工程性能关联性质量检测指标评价需要一定的周期和经验储备,不同的场地条件及环境,可能会导致获取的参数信息有所差别。在本项检测中拟采用以下方式开展检测及评价工作。

(1) 采用跨孔声波 CT 检测方法,在宏观尺度上快速展现检测对象的声学物理参数状况。

(2) 根据少量钻孔孔内压水试验得到的渗透性能指标与渗透量变化指标,结合孔内波速平行检测结果,通过数据统计分析建立起波速与渗透性能指标和渗透量变化指标的关系式。

(3) 对钻孔内芯样进行加工,制作标准试件以检测其抗压强度及抗渗性能,通过数据分析建立起抗压强度与渗透性能指标和渗透量变化指标的关系式。

(4) 通过对芯样抗压强度值和波速大小的数据分析,建立起抗压强度值和波速大小的关系式。

选择一定比率的钻孔,进行声波 CT 检测、单孔波速检测、压水试验、混凝土芯样波速检测、抗渗性能检测,获取较为全面的数据信息,通过分析处理,实现根据声波 CT 检测的声学参数结果就能判断渗透情况这一目的。同时,以取芯芯样连续性、完整性、搅拌均匀性等定性描述作为辅助判据,定性评价搅拌桩试块抗渗性能,对声波 CT 检测结果加以进一步验证。

5.2.2 分析方法与步骤

在以上评价思路的基础上,通过少数钻孔数据的统计分析,有了一定的经验储备之后,可以按照以下步骤进行检验检测:

（1）采用声波CT成像检测和波速方法，快速对整个检测区域进行宏观检测，并对检测结果根据前期建立的波速与渗透性指标变化关系进行初步判断，重点找出渗透部位及疑渗透部位；

（2）在找出渗透部位及疑渗透部位位置后，通过详查，采用钻机钻孔的方式，对钻取芯样完整性情况进行统计，对物理力学性能参数进行试验检测，并通过孔内压水试验对抗渗性能及渗透量变化指标进行检测；

（3）对于产生漏判、误判的情况，仔细分析查找原因或再次进行试验检测；

（4）对于检查出渗漏的区域，可以根据其所处工程部位初步判断产生渗漏的原因，提出处理意见及建议。

5.2.3 单孔波速测试

声波探测是弹性波探测技术的一种，其理论基础是固体介质中弹性波传播理论。它是利用频率为数千赫兹到20 Hz的声频弹性波，研究其在不同性质和结构的岩体中的传播特性，从而解决和查明止水帷幕体的密实性和均匀性，进而推测其防渗性能。

5.2.3.1 测试结果

根据建设单位要求，主要针对土石围堰和部分陆域中Ⅰ、Ⅱ、Ⅲ三个区域所钻钻孔开展单孔声波波速测试，现场共计67孔，各钻孔的单孔声波波速测试成果见表5-2。

根据每孔声波波速测试曲线，当出现波速小于或接近1 000 m/s时，可判定为渗漏风险点。本次测试根据每孔风险点的个数来评判施工质量和防渗性能，并根据桩体端部曲线特征来评判止水桩是否进入基岩。

表 5-2 单孔声波测试波速曲线

ZK1	ZK2	ZK3
明显入岩，风险点数 0	明显入岩，风险点数 3	明显入岩，风险点数 1

(续表)

ZK4	ZK5	ZK6
明显入岩,风险点数 1	明显入岩,风险点数 0	明显入岩,风险点数 0
ZK7	ZK8	ZK9
明显入岩,风险点数 0	明显入岩,风险点数 0	明显入岩,风险点数 0
ZK10	ZK11	ZK12
明显入岩,风险点数 0	明显入岩,风险点数 3	明显入岩,风险点数 0

(续表)

（续表）

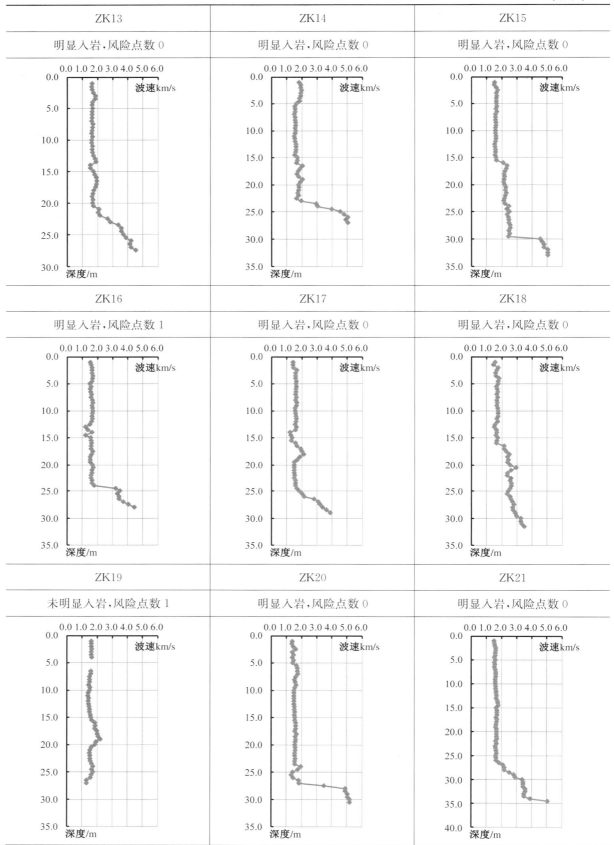

（续表）

ZK22	ZK23	ZK24
明显入岩,风险点数 0	明显入岩,风险点数 0	明显入岩,风险点数 0
ZK25	ZK26	ZK27
明显入岩,风险点数 0	明显入岩,风险点数 1	明显入岩,风险点数 0
ZK28	ZK29	ZK30
明显入岩,风险点数 0	明显入岩,风险点数 2	明显入岩,风险点数 1

（续表）

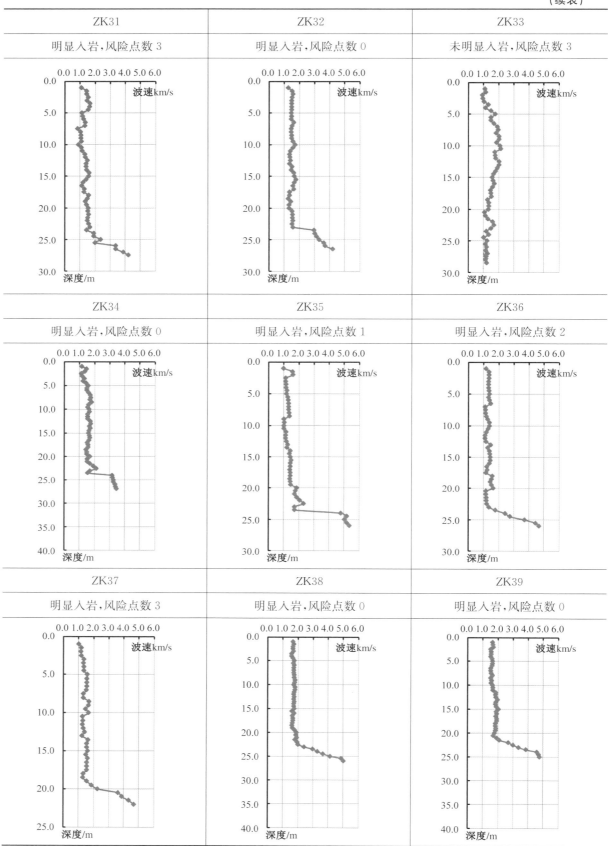

（续表）

ZK40	ZK41	ZK42
明显入岩，风险点数 0	明显入岩，风险点数 0	明显入岩，风险点数 0

ZK43	ZK66	ZK67
明显入岩，风险点数 0	明显入岩，风险点数 0	明显入岩，风险点数 0

ZK68	ZK69	ZK70
明显入岩，风险点数 0	明显入岩，风险点数 0	明显入岩，风险点数 0

（续表）

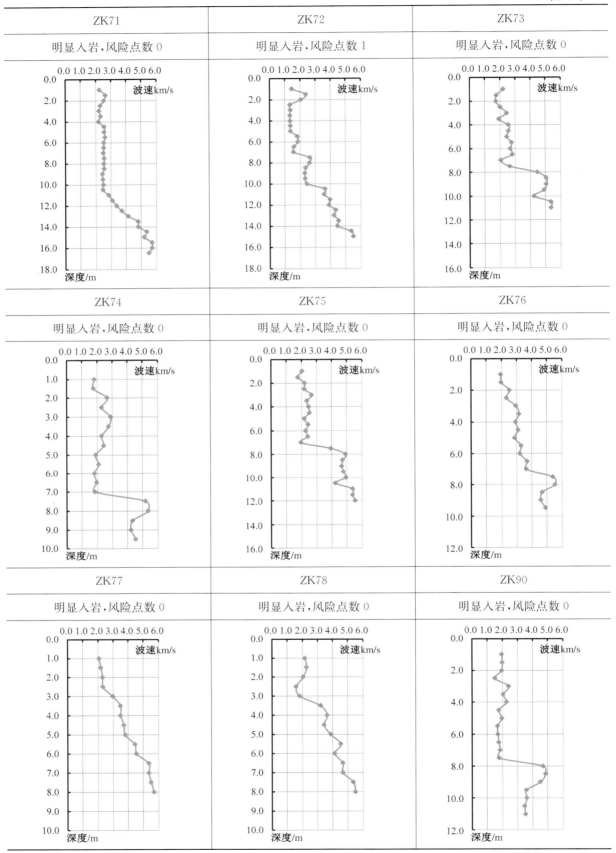

（续表）

ZK91	ZK92	ZK93
明显入岩,风险点数 0	明显入岩,风险点数 0	明显入岩,风险点数 0

ZK94	ZK95	ZK96
明显入岩,风险点数 0	明显入岩,风险点数 0	明显入岩,风险点数 0

ZK97	ZK98	ZK99
明显入岩,风险点数 0	未明显入岩,风险点数 0	明显入岩,风险点数 0

(续表)

ZK100		
明显入岩,风险点数 0		
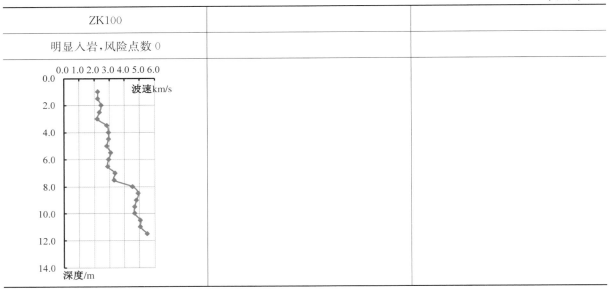		

5.2.3.2 分析

1. 桩身波速

由表 5-2 可知,水泥土搅拌桩桩身波速集中在 1 500～2 000 m/s 之间,桩端进入基岩的波速均大于或接近 3 000 m/s。

由表 5-3 可知,即使钻孔含有波速低于 1 000 m/s 的区段,其整孔声波平均波速范围仍然在 1 541～2 906 m/s 之间,离散度为 11.9%～63.6%,水泥土搅拌桩桩身波速较原土层有明显提高。三轴搅拌桩、高压旋喷桩在施工过程中,由于水泥搅拌不均匀和桩体闭合空洞导致波速存在差异,桩身存在低波速区,单孔波速所检测的 67 个钻孔中,有 15 个钻孔(占比 22.4%)含有声波波速小于 1 000 m/s 的低波速区,存在渗漏风险。

再进一步分析这 15 个含有波速低于 1 000 m/s 的钻孔平面分布,可以分为表 5-4 所示的 6 个单独孔和 3 个成片孔。造成低速孔的原因在于,单孔主要受施工参数影响,成片孔主要受地层影响。

表 5-3　声波测试中出现波速小于 1 000 m/s 钻孔汇总

序号	断面位置	深度范围/m	桩身波速平均值/(m·s⁻¹)	桩身波速离散度
1	ZK2	6～8	2 555	54.6%
2	ZK3	9～11	2 530	47.0%
3	ZK4	7～8	2 728	48.5%
4	ZK11	6～16	2 150	51.7%
5	ZK16	13～14	1 896	32.9%
6	ZK19	8～14,26～27	1 620	11.9%
7	ZK26	3～4,15～27	1 608	37.7%
8	ZK29	0～1,5～25	1 751	58.0%
9	ZK30	0～6,5～25	1 974	38.6%
10	ZK31	0～20	1 607	41.5%
11	ZK33	0～5,17～28	1 541	20.1%

(续表)

序号	断面位置	深度范围/m	桩身波速平均值/(m·s⁻¹)	桩身波速离散度
12	ZK35	3~20	1 795	63.6%
13	ZK36	0~23	1 777	61.5%
14	ZK37	0~4.7~8,10~13.18~20	1 774	44.9%
15	ZK72	3~5	2 864	43.8%

表 5-4 低波速区位置分布情况

检测方法	渗漏风险类型	桩号	分布形态	主要原因
单孔声波	波速低于1 000 m/s	ZK2—ZK4,ZK29—ZK31,K35—ZK37	3 个成片分布	地层分布
		ZK11,ZK16,ZK19,ZK26,ZK33,ZK72	6 个单孔分布	施工参数

2. 入岩情况

从单孔声波测试曲线上可以观察到,大部分钻孔处单孔声波在土层区域较为稳定,实测波速基本处于 1 500~1 800 m/s 区间内;在入岩深度处波速发生突变,波速大于 3 000 m/s,一部分可达4 000~6 000 m/s。经对 67 孔测试曲线的统计分析,65 个(占比 97%)测试孔均明显入岩,入岩后绝大部分测试孔波速明显提高,拐点明显;有小部分入岩的单孔波速图下半部波速也有显著提高,但拐点不清晰。如表 5-5、表 5-6 所示。

根据测试结果,未明显入岩测试孔处土层分布厚,暂时可以认定为风险点,待后续钻孔全景摄像后再作进一步判断。

表 5-5 入岩钻孔与非入岩钻孔个数统计

入岩情况	相应钻孔个数	比例
明显入岩	65	97%
未明显入岩	2(ZK19,ZK33)	3%

表 5-6 典型的进入基岩的单孔波速测试曲线

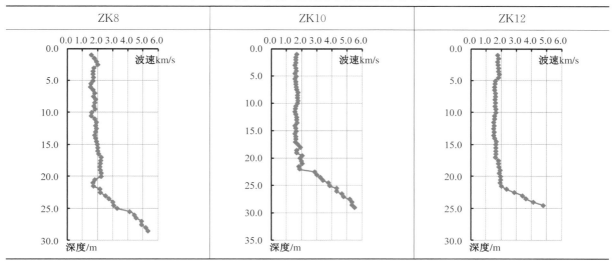

ZK8	ZK10	ZK12

3. 典型的存在缺陷的测试曲线

波速在土层区域内的突变主要受土层分层和施工质量影响。通过对比附近孔位的勘察资料,可确认波速突变是否是土层分界导致,若非土层分界,则可能是施工原因导致,尤其是突变减小的部分,应重点确认是否存在质量缺陷并及时采取相应措施,如 ZK16 孔 13～15 m 处波速存在明显减小,ZK26 孔 4 m,15～20 m,25 m 处存在明显减小,ZK4 孔 7～8 m 处也存在明显减小。典型的存在缺陷的单孔声波测试成果如表 5-7 所示。

表 5-7　典型的存在缺陷的单孔波速测试曲线

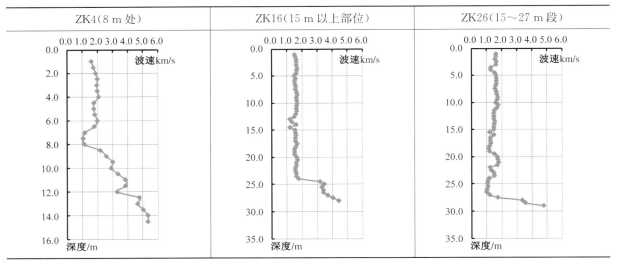

4. 风险点统计

风险点是指测试曲线图上波速突然变小、数值小于或者接近 1 000 m/s 的情况,出现风险点可能是因为施工质量不好或地层发生突变,是后续渗漏风险评判工作应重点关注的点位,也是本次评价桩体防渗止水效果的关键指标。从统计结果来看,零风险点的测试孔 52 个,占比 77.6%,说明本次施工质量整体良好。具体统计结果如表 5-8 所示。

表 5-8　钻孔风险点个数统计

风险点个数	相应钻孔个数	比例
0	52	77.6%
1	8(ZK3,ZK4,ZK16,ZK19,ZK26,ZK30,ZK35,ZK72)	11.9%
2	2(ZK29,ZK36)	3%
3	5(ZK2,ZK11,ZK31,ZK33,ZK37)	7.5%

5.2.3.3　小结

通过对单孔波速测试结果进行分析,得到如下结论:

(1) 水泥土搅拌桩桩身波速集中在 1 500～2 000 m/s 之间,桩端进入基岩的波速均大于或接近 3 000 m/s。单孔波速所检测的 67 个钻孔中,有 15 个钻孔(占比 22.4%)含有声波波速小于 1 000 m/s 的低波速区,造成低速孔的原因在于:6 个单孔主要受施工参数影响,3 个成片孔主要受地层影响,这些孔位存在渗漏风险。

(2) 经对 67 孔测试曲线的统计分析,65 个(占比 97%)测试孔均明显入岩,入岩后绝大部分测试孔波速明显提高,拐点明显;有小部分入岩的单孔波速图下半部波速也有显著提高,但拐点不清晰。2 个未明显入岩测试孔处土层分布厚,暂时可以认定为风险点,待后续钻孔全景摄像后再作进一步判断。

(3) 将测试曲线含有波速小于或接近 1 000 m/s 的区段定义为风险点,是利用单孔波速检测桩体防渗止水效果的主要指标。从统计结果来看,零风险点的测试孔 52 个,占比 77.6%,说明本次施工质量整体良好。

（4）风险点位置分布情况如下：

① 风险点在垂直剖面上除 ZK19 和 ZK33 两孔因为未进入基岩外，其他 12 孔均为桩身施工质量问题。

② 在平面上，存在单孔分布点位 6 处，具体孔号为：ZK11,ZK16,ZK19,ZK26,ZK33,ZK72；存在成片分布区 3 处，具体孔号为：ZK2—ZK4,ZK29—ZK31,K35—ZK37。这些风险点有待后面进一步分析确认。

5.2.4　岩芯波速测试

岩芯波速测试是在室内实验室进行的，主要是检测岩块的波速，反映岩块的密实性和强度，通过与单孔波速测试结果相比较，可以评价桩体的完整性和裂隙、空洞发育情况。

通过对比分析岩芯波速测试结果和单孔波速测试结果，取每孔完整性系数最小值为该孔的完整性代表值，参加测试结果的综合评判。

5.2.4.1　测试结果

现场共完成 67 孔（合计 201 组试件）的岩芯波速试验，室内岩芯波速检测结果见表 5-9。

表 5-9　室内岩芯波速检测结果汇总

序号	桩号	测点序号	深度位置/m	测距/mm	声时/μs	声速/(m·s⁻¹)
1	ZK1	1	2.3	200	60.8	3 288
		2	7	200	61.2	3 269
		3	8.5	200	49.4	4 046
2	ZK2	1	2	200	110.5	1 809
		2	6.3	200	220.1	909
		3	13.0	200	75.6	2 646
3	ZK3	1	3.4	200	94.8	2 110
		2	7.2	200	57.0	3 509
		3	11.3	200	75.6	2 646
4	ZK4	1	3.9	200	101.8	1 964
		2	9.4	200	67.4	2 968
		3	13.6	200	86.7	2 307
5	ZK5	1	5.6	200	157.4	1 271
		2	8.4	200	128.7	1 554
		3	14.8	200	134.7	1 485
6	ZK6	1	6.9	200	206.9	967
		2	10.7	200	196.2	1 020
		3	12.9	200	75.5	2 650
7	ZK7	1	6.8	200	121.2	1 650
		2	13.8	200	74.1	2 700
		3	20.4	200	66.6	3 005

（续表）

序号	桩号	测点序号	深度位置/m	测距/mm	声时/μs	声速/(m·s⁻¹)
8	ZK8	1	4.9	200	136.0	1 471
		2	13.5	200	139.1	1 438
		3	23.4	200	104.9	1 906
9	ZK9	1	3.6	200	111.2	1 798
		2	14.8	200	194.6	1 028
		3	20.1	200	68.9	2 905
10	ZK10	1	3.9	200	128.6	1 555
		2	14.7	200	108.7	1 840
		3	22.2	200	69.4	2 880
11	ZK11	1	3.3	200	89.5	2 235
		2	15.1	200	185.6	1 078
		3	25.5	200	72.8	2 748
12	ZK12	1	3.5	200	107.4	1 863
		2	16.7	200	111.0	1 802
		3	21.7	200	101.4	1 973
13	ZK13	1	3.5	200	101.7	1 967
		2	15.1	200	99.9	2 002
		3	22.7	200	75.7	2 642
14	ZK14	1	2.3	200	74.1	2 701
		2	12.5	200	123.2	1 623
		3	21.5	200	112.5	1 778
15	ZK15	1	6.5	200	133.0	1 504
		2	15.7	200	94.3	2 121
		3	24.7	200	80.0	2 500
16	ZK16	1	3.4	200	154.3	1 296
		2	12.4	200	142.9	1 400
		3	21.6	200	145.3	1 376
17	ZK17	1	6.2	200	116.2	1 721
		2	16.4	200	112.2	1 783
		3	25.4	200	108.8	1 838
18	ZK18	1	3.2	200	171.6	1 166
		2	12.3	200	168.4	1 188
		3	21.4	200	78.2	2 557

（续表）

序号	桩号	测点序号	深度位置/m	测距/mm	声时/μs	声速/(m·s⁻¹)
19	ZK19	1	8.6	200	122.9	1 628
		2	13.9	200	118.2	1 693
		3	19.6	200	108.4	1 844
20	ZK20	1	5.9	200	164.1	1 219
		2	12.7	200	133.0	1 504
		3	23.7	200	215.5	928
21	ZK21	1	5.7	200	289.1	692
		2	17.8	200	209.0	957
		3	23.6	200	196.4	1 019
22	ZK22	1	5.7	200	112.3	1 781
		2	12.3	200	131.7	1 519
		3	16.6	200	74.2	2 695
23	ZK23	1	4.9	200	117.9	1 696
		2	13.5	200	124.8	1 602
		3	20.4	200	102.8	1 946
24	ZK24	1	6.7	200	110.3	1 814
		2	13.8	200	124.4	1 608
		3	20.3	200	102.1	1 959
25	ZK25	1	5.2	200	108.9	1 836
		2	11.9	200	123.6	1 618
		3	20.1	200	101.3	1 974
26	ZK26	1	5.7	200	114.2	1 751
		2	14.9	200	154.3	1 296
		3	20.1	200	121.4	1 647
27	ZK27	1	4.5	200	131.5	1 521
		2	12.7	200	123.2	1 624
		3	21.5	200	117.4	1 703
28	ZK28	1	2.9	200	148.0	1 351
		2	14.5	200	111.5	1 793
		3	22.8	200	113.9	1 755
29	ZK29	1	2.5	200	98.7	2 026
		2	20.6	200	157.2	1 273
		3	25	200	128.7	1 554

序号	桩号	测点序号	深度位置/m	测距/mm	声时/μs	声速/(m·s⁻¹)
30	ZK30	1	8.6	200	129.0	1 551
		2	16.4	200	113.8	1 758
		3	23.2	200	100.3	1 994
31	ZK31	1	5.4	200	129.9	1 539
		2	10.5	200	98.5	2 030
		3	23	200	125.4	1 595
32	ZK32	1	5.2	200	161.6	1 238
		2	17.5	200	144.5	1 384
		3	21.2	200	185.0	1 081
33	ZK33	1	4.3	200	120.5	1 659
		2	12.5	200	95.8	2 088
		3	22.5	200	134.0	1 492
34	ZK34	1	5	200	120.2	1 664
		2	13.9	200	91.7	2 181
		3	24.5	200	124.4	1 608
35	ZK35	1	7.4	200	190.3	1 051
		2	15.3	200	127.3	1 571
		3	20.4	200	105.7	1 892
36	ZK36	1	4.9	200	135.9	1 471
		2	11.2	200	220.1	909
		3	23.5	200	140.6	1 423
37	ZK37	1	5.2	200	228.6	875
		2	15.3	200	227.1	881
		3	18.6	200	118.2	1 692
38	ZK38	1	4.9	200	130.8	1 529
		2	15.2	200	122.2	1 636
		3	20.2	200	96.9	2 063
39	ZK39	1	5.3	200	133.1	1 503
		2	12.5	200	122.0	1 639
		3	21.2	200	95.9	2 086
40	ZK40	1	4.8	200	121.5	1 646
		2	14.6	200	120.0	1 667
		3	19.7	200	94.7	2 111

（续表）

序号	桩号	测点序号	深度位置/m	测距/mm	声时/μs	声速/(m·s⁻¹)
41	ZK41	1	3.7	200	131.2	1 524
		2	13.1	200	123.2	1 624
		3	20.7	200	93.1	2 148
42	ZK42	1	4	200	125.4	1 595
		2	11.9	200	123.0	1 626
		3	21.6	200	91.1	2 196
43	ZK43	1	6.5	200	124.8	1 603
		2	12.3	200	90.6	2 208
		3	18.9	200	125.6	1 592
44	ZK66	1	3.5	200	127.8	1 565
		2	9.1	200	60.9	3 283
		3	11.4	200	74.6	2 681
45	ZK67	1	3.9	200	128.5	1 557
		2	12.4	200	109.7	1 823
		3	15.2	200	49.4	4 046
46	ZK68	1	4.5	200	137.6	1 453
		2	10.1	200	102.2	1 957
		3	12.2	200	57.0	3 510
47	ZK69	1	4.8	200	125.9	1 589
		2	9.2	200	121.9	1 641
		3	11.8	200	57.0	3 510
48	ZK70	1	3.3	200	179.3	1 116
		2	7.1	200	121.2	1 650
		3	9.5	200	110.8	1 805
49	ZK71	1	4.5	200	101.0	1 981
		2	6.4	200	78.4	2 551
		3	12	200	63.1	3 168
50	ZK72	1	1.5	200	74.8	2 674
		2	9.4	200	94.8	2 110
		3	12.1	200	57.0	3 511
51	ZK73	1	4.1	200	81.5	2 455
		2	6.8	200	102.7	1 948
		3	10.6	200	59.9	3 340

序号	桩号	测点序号	深度位置/m	测距/mm	声时/μs	声速/(m·s^{-1})
52	ZK74	1	1.5	200	100.8	1 983
		2	4.2	200	71.5	2 796
		3	9.8	200	59.3	3 373
53	ZK75	1	2.4	200	123.7	1 617
		2	5.2	200	93.5	2 139
		3	10.2	200	60.1	3 329
54	ZK76	1	2.0	200	122.5	1 633
		2	4.8	200	92.6	2 159
		3	9.2	200	58.9	3 395
55	ZK77	1	1.8	200	61.5	3 250
		2	3.9	200	138.6	1 443
		3	8.6	200	58.9	3 394
56	ZK78	1	1.2	200	80.9	2 472
		2	3.5	200	68.3	2 927
		3	7.8	200	59.4	3 367
57	ZK90	1	2.6	200	130.8	1 529
		2	5.9	200	111.7	1 791
		3	10.6	200	54.8	3 648
58	ZK91	1	1.9	200	140.9	1 519
		2	5.7	200	117.4	1 704
		3	9.3	200	56.7	3 528
59	ZK92	1	1.7	200	134.0	1 592
		2	4.8	200	113.8	1 757
		3	8.6	200	79.4	2 519
60	ZK93	1	2.7	200	119.0	1 681
		2	6.3	200	116.3	1 719
		3	9.6	200	51.3	3 895
61	ZK94	1	2.9	200	120.0	1 666
		2	7.5	200	128.0	1 562
		3	9.4	200	70.3	2 846
62	ZK95	1	3.7	200	116.7	1 714
		2	7.8	200	124.4	1 608
		3	10.3	200	70.0	2 859

(续表)

序号	桩号	测点序号	深度位置/m	测距/mm	声时/μs	声速/(m·s⁻¹)
63	ZK96	1	3.2	200	115.2	1 736
		2	6.9	200	116.4	1 718
		3	9.1	200	68.4	2 924
64	ZK97	1	2.7	200	121.1	1 651
		2	5.9	200	125.3	1 596
		3	10.1	200	54.8	3 647
65	ZK98	1	1.5	200	123.4	1 621
		2	5.7	200	131.2	1 524
		3	8.5	200	72.1	2 773
66	ZK99	1	2.2	200	119.3	1 677
		2	6.7	200	80.0	2 501
		3	9.6	200	61.8	3 234
67	ZK100	1	3.2	200	71.1	2 814
		2	7.5	200	58.5	3 420
		3	9.6	200	57.7	3 469

5.2.4.2 分析

1. 波速区间

表 5-9 所列的检测数据表明,实测的波速在 692～4 046 m/s 之间,平均波速为 2 002 m/s,岩芯试块波速大于单孔测试的波速,符合一般规律。试块波速测试值的各区间分布如表 5-10 所示,其中,波速小于 1 000 m/s 的点位共有 8 处,占比 4%,波速大于 1 500 m/s 的点位有 166 处,占比 82.6%,表明桩身强度大部分较好,受土层性质影响,岩芯波速在同孔不同深度的波速不一,各段强度不一,均匀性较差,反映地层变化对波速影响较大。

表 5-10 岩芯波速统计

波速/(m·s⁻¹)	<1 000	1 000～1 500	1 500～2 000	2 000～2 500	2 500～3 000	>3 000
个数	8	27	96	20	25	25
占比/%	4	13.4	47.8	10	12.4	12.4

2. 入岩情况

2 个测试孔未进入基岩:①ZH19 孔第三个岩芯取芯位置位于孔口下面 19.6 m,测试波速为 1 844 m/s,而该孔的单孔波速测试曲线显示直到孔口下 27 m 仍然未进入基岩;②ZH33 孔第三个取样点位于孔口下 22.5 m,岩芯波速 1 492 m/s,从该孔的单孔波速测试曲线来看,该点也未进入基岩。但并不代表这两个点位的防渗效果差,只说明桩端未进入基岩。

65 个进入基岩的测试孔的岩芯波速也不相同,其波速分布可见表 5-11,波速小于 1 000 m/s 的 ZK20 孔第三个取芯位置也未进入基岩,取芯位置有误,不能反映桩体进入基岩的施工质量。

表 5-11　进入基岩测试孔的岩芯波速统计

波速/(m·s⁻¹)	<1 000	1 000~1 500	1 500~2 000	2 000~2 500	2 500~3 000	>3 000
个数	1	6	18	6	16	18
占比/%	1.5	9.3	27.7	9.2	24.6	27.7
进入基岩情况	未进入	1 个进入，5 个未进入	5 个进入，13 个未进入	均在基岩交接面附近	13 个进入，3 个未进入	全部位于基岩内

　　从表 5-11 还可以看到，岩芯试样的波速测试结果受取芯所处位置影响较大，位于基岩内的试样波速大于 3 000 m/s，而位于基岩面以上的土体岩芯试样波速一般小于 2 000 m/s，位于基岩与土层交接面试样的波速在 2 000~2 500 m/s 区间，说明土层与基岩交接面处加固效果良好，施工质量较稳定。

　　3. 岩芯波速与单孔波速测试对比

　　所检 67 孔（201 组试件）中，有 21 孔（35 组试件）的岩芯波速偏低，现将岩芯波速低于 1 500 m/s 的部位汇总列示于表 5-12。经与表 5-4、表 5-8 中单孔波速低于 1 000 m/s 的测试孔进行对比分析，大部分是相对应的。因为岩芯波速普遍大于单孔波速，所以取岩芯波速低于 1 500 m/s，而取单孔波速低于 1 000 m/s 进行对比，如表 5-13 所示。

表 5-12　岩芯波速低于 1 500 m/s 的部位汇总

序号/桩号	1/ZK2	2-1/ZK5	2-2/ZK5	3-1/ZK6	3-2/ZK6	4-1/ZK8	4-2/ZK8	5/ZK9
深度位置/m	6.3	5.6	14.8	6.9	10.7	4.9	13.5	14.8
声速/(m·s⁻¹)	909	1 271	1 485	967	1 020	1 471	1 438	1 028
序号/桩号	6/ZK11	7-1/ZK16	7-2/ZK16	7-3/ZK16	8-1/ZK18	8-2/ZK18	9-1/ZK20	9-2/ZK20
深度位置/m	15.1	3.4	12.4	21.6	3.2	12.3	5.9	23.7
声速/(m·s⁻¹)	1 078	1 296	1 400	1 376	1 166	1 188	1 219	928
序号/桩号	10-1/ZK21	10-2/ZK21	10-3/ZK21	11/ZK26	12/ZK28	13/ZK29	14-1/ZK32	14-2/ZK32
深度位置/m	5.7	17.8	23.6	14.9	2.9	20.6	5.2	17.5
声速/(m·s⁻¹)	692	957	1 019	1 296	1 351	1 273	1 238	1 384
序号/桩号	14-3/ZK32	15/ZK33	16/ZK35	17-1/ZK36	17-2/ZK36	17-3/ZK36	18-1/ZK37	18-2/ZK37
深度位置/m	21.2	22.5	7.4	4.9	11.2	23.5	5.2	15.3
声速/(m·s⁻¹)	1 081	1 492	1 051	1 471	909	1 423	875	881
序号/桩号	19/ZK68	20/ZK70	21/ZK77					
深度位置/m	4.5	3.3	3.9					
声速/(m·s⁻¹)	1 453	1 116	1 443					

表 5-13　岩芯波速低于 1 500 m/s 的测试孔与单孔波速低于 1 000 m/s 的测试孔对比

对比内容	相同孔号	不同孔号
单孔波速测试(15孔)	ZK2，ZK11，ZK16，ZK26，ZK29，ZK33，ZK35,ZK36,ZK37	ZK3,ZK4,ZK30,ZK31,ZK72
岩芯波速测试(21孔)	ZK2，ZK11，ZK16，ZK26，ZK29，ZK33，ZK35,ZK36,ZK37	ZK5,ZK6,ZK8,ZK9,ZK18,ZK20,ZK21,ZK28,ZK32,ZK68,ZK70,ZK77

4. 桩体完整性系数分析

桩体完整性系数按下式进行计算：

$$K_V = \left(\frac{v_{Pm}}{v_{Pr}}\right)^2 \tag{5-2}$$

式中　K_V——桩体完整性系数；

　　　v_{Pm}, v_{Pr}——桩体及岩芯的弹性纵波波速(m/s)。

结合对应深度处单孔声波波速,估算不同深度范围内的桩体完整性系数 K_V,如表 5-14 所示。可以看出,桩体完整性系数 K_V 在 0.30~1.00 之间,平均值为 0.89,钻孔内桩体完整和较完整有 60 孔,占比 89.5%,说明止水帷幕整体施工质量良好;有 6 孔桩身较破碎,有 1 孔桩端部位较破碎,占比 10.5%。具体情况可见表 5-15。

表 5-14　桩体完整性系数 K_V

深度范围		0~10 m	10~20 m	20~30 m	深度范围		0~10 m	10~20 m	20~30 m
桩体完整性系数 K_V	ZK1	0.77	—	—	桩体完整性系数 K_V	ZK16	1.00	0.85	0.85
	ZK2	0.51	1.00	—		ZK17	0.89	0.88	0.59
	ZK3	0.49	0.75	—		ZK18	1.00	1.00	0.89
	ZK4	1.00	1.00	—		ZK19	0.85	0.80	0.64
	ZK5	1.00	1.00	—		ZK20	0.80	1.00	0.69
	ZK6	1.00	1.00	—		ZK21	1.00	1.00	1.00
	ZK7	1.02	0.41	0.98		ZK22	0.78	0.40	—
	ZK8	1.00	1.00	1.00		ZK23	0.99	1.00	0.78
	ZK9	0.46	1.00	0.99		ZK24	0.93	1.00	0.81
	ZK10	1.00	0.82	0.69		ZK25	0.93	1.00	0.92
	ZK11	1.00	1.00	0.76		ZK26	0.91	1.00	1.00
	ZK12	0.95	0.84	1.00		ZK27	1.00	1.00	1.00
	ZK13	0.87	0.73	1.00		ZK28	0.98	1.00	1.00
	ZK14	0.54	0.98	0.95		ZK29	0.91	1.00	0.95
	ZK15	1.00	0.61	0.66		ZK30	0.95	0.73	0.87

深度范围		0～10 m	10～20 m	20～30 m	深度范围		0～10 m	10～20 m	20～30 m
桩体完整性系数 K_V	ZK31	0.60	0.30	1.00	桩体完整性系数 K_V	ZK72	0.80	1.00	—
	ZK32	1.00	0.98	1.00		ZK73	1.00	—	—
	ZK33	0.63	0.96	1.00		ZK74	0.68	—	—
	ZK34	1.00	0.69	1.00		ZK75	1.00	—	—
	ZK35	1.00	0.86	0.89		ZK76	1.00	—	—
	ZK36	1.00	1.00	1.00		ZK77	0.50	—	—
	ZK37	1.00	1.00	—		ZK78	0.85	—	—
	ZK38	1.00	1.00	0.84		ZK90	0.81	—	—
	ZK39	1.00	1.00	1.00		ZK91	0.89	—	—
	ZK40	1.00	0.77	—		ZK92	0.94	—	—
	ZK41	1.00	1.00	0.73		ZK93	0.75	—	—
	ZK42	1.00	1.00	1.00		ZK94	1.00	—	—
	ZK43	1.00	0.71	1.00		ZK95	0.98	—	—
	ZK66	0.75	1.00	—		ZK96	0.90	—	—
	ZK67	1.00	1.00	—		ZK97	0.80	—	—
	ZK68	1.00	1.00	—		ZK98	0.94	—	—
	ZK69	1.00	1.00	—		ZK99	0.90	—	—
	ZK70	0.78	—	—		ZK100	0.81	—	—
	ZK71	0.98	1.00	—					

表 5-15　桩体完整性情况汇总

桩体完整性系数	>0.75	0.75～0.55	0.55～0.35	0.35～0.15	<0.15
完整程度	完整	较完整	较破碎	破碎	极破碎
孔数	48	12	6	1	0
占比/%	71.6	17.9	9	1.5	0
较破碎桩身孔号	桩身6孔,孔号为 ZK2、ZK3、ZK7、ZK9、ZK14、ZK31				
破碎桩端孔号	桩端1孔,孔号为 ZK22				

5.2.4.3　小结

通过对岩芯试块的室内波速测试,以及与单孔波速测试数据的对比分析,得到如下结论:

(1)岩芯实测波速在 692～4 046 m/s 之间,平均波速为 2 002 m/s;对比声波 CT 波速数据,可以发现,除基岩外的桩身声波 CT 波速基本在 1 177～3 714 m/s 区间内,岩芯试块波速大于单孔测试的波速,符合一般规律。岩芯试块波速大于 1 500 m/s 的点位有 166 处,占比 82.6%,表明桩身强度大部分较好,受土层性质影响,岩芯波速在同一测试孔不同深度的波速不一,各段强度不一,均匀性较差,反映地层变化对波速影响较大。

(2)岩芯试样的波速测试结果受取芯所处位置影响较大,位于基岩内的试样波速大于 3 000 m/s,而位于基岩面以上的土体岩芯试样波速一般小于 2 000 m/s,位于基岩交接面试样的波速在 2 000～2 500 m/s 区间,说明土层与基岩交接面加固效果良好,施工质量较稳定。

(3)结合对应深度处单孔声波波速测试结果,估算得到不同深度范围内的桩体完整性系数 K_v 在 0.30～1.00 之间,平均值为 0.89。钻孔内桩体完整和较完整的有 60 孔,占比 89.5%,说明止水帷幕整体施工质量良好;有 6 孔桩身较破碎,有 1 孔桩端部位较破碎,占比 10.5%。

(4)从桩体完整性角度来看,未入岩的 ZK19、ZK33 孔桩体较完整,未进入基岩是因为土层较厚,波速在桩端未发生变大的突变并不代表施工质量存在问题,基本可以排除其渗漏可能性。

5.2.5 跨孔声波 CT 成像

5.2.5.1 检测成果

针对土石围堰和部分陆域展开跨孔声波 CT 成像检测,现场共完成土石围堰和部分陆域部位 65 个断面的声波 CT 检测,其中,断面 ZK1—ZK43 计 42 个,断面 ZK66—ZK78 计 12 个,断面 ZK100—ZK1、ZK90—ZK100 计 11 个。波速 CT 检测成果以不同颜色表示,如图 5-3 所示。

| 1000 | 1500 | 2000 | 2500 | 3000 | 3500 | 4000 | 4500 | 5000 |

图 5-3 波速 CT 检测成果(单位:m/s)

根据现场地层勘察报告,本场地地层组成复杂,在此基础上进行三轴搅拌桩施工所得到的桩体质量均匀性一般都存在所测波速离散性比较大的问题。为评价跨孔声波 CT 成像检测成果,特对测试成果评价原则作如表 5-16 所示的规定,以此评价所测波速的高低、离散程度的大小和存在波速低于 1 500 m/s 的缺陷区的缺陷程度。

表 5-16 波速、离散性和缺陷区域的评价原则

平均波速/(m·s⁻¹)	<1 500	1 500～2 000	2 000～2 200	2 200～2 500	>2 500
波速评价	低	较低	中等	较高	高
离散度/%	>25	25～20	20～15	15～10	<10
离散程度	大	较大	中等	较小	小
缺陷面积比例/%	>5	5～3	3～2	2～1	<1
缺陷程度	大	较大	中等	较小	小
评分赋值	4	8	12	16	20

根据表 5-16 所制定的原则,对每个测试断面进行综合评判并赋予分值,以此通过声波 CT 成像检测成果(表 5-17,表中速度分布云图的横轴指测试孔间距,单位为 mm;纵轴指深度,单位为 m)来评价止水帷幕体的防渗性能。

表 5-17　跨孔声波 CT 成像检测成果

断面 1：ZK1—ZK2			龄期	>30 d

速度分布云图	声波 CT 检测结果

波速统计

平均波速/(m·s⁻¹)	2 143	离散度	29.2%

面积统计

<1 500 m/s	1.3%	1 500~2 500 m/s	82.3%	≥2 500 m/s	16.4%

低强度区统计

序号	深度方向/m	水平方向/m	面积/m²
1	7.5~7.5	11.9~15.0	0.7
2	7.3~8.2	0~11.15	2.7

结论	平均波速为 2 143 m/s，评价波速中等；波速离散度为 29.2%，离散程度大；有 82.3% 的区域波速集中于 1 500~2 500 m/s 之间，小于 1 500 m/s 的低波速区有两块，面积分别为 0.7 m² 和 2.7 m²，占面积的 1.3%，缺陷区域较小。评分赋值：32。 　　综合分析认为，CT 层析图上，表现为深蓝色的区域，为帷幕桩体的薄弱层，存在离析等缺陷问题，有渗漏的风险。

断面 2：ZK2—ZK3			龄期	>30 d

速度分布云图	声波 CT 检测结果

波速统计

平均波速/(m·s⁻¹)	2 189	离散度	22.5%

面积统计

<1 500 m/s	4.9%	1 500~2 500 m/s	83.4%	≥2 500 m/s	11.7%

低强度区统计

序号	深度方向/m	水平方向/m	面积/m²
1	9.8~10.2	4.6~15.0	4.2

结论	平均波速为 2 189 m/s，评价波速中等；波速离散度为 22.5%，离散程度较大；有 83.4% 的区域波速集中于 1 500~2 500 m/s 之间，小于 1 500 m/s 的低波速区有一块，面积为 4.2 m²，所占面积 4.9%，缺陷区域较大。评分赋值：28。 　　综合分析认为，CT 层析图上，表现为深蓝色的区域，为帷幕桩体的薄弱层，存在离析等缺陷问题，有渗漏的风险。

（续表）

| 断面 3：ZK3—ZK4 | 龄期 | >30 d |

| 速度分布云图 | 声波 CT 检测结果 |

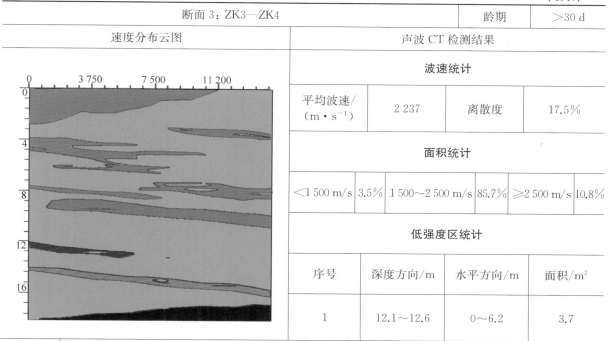

波速统计

平均波速/（m·s⁻¹）	2 237	离散度	17.5%

面积统计

<1 500 m/s	3.5%	1 500～2 500 m/s	85.7%	≥2 500 m/s	10.8%

低强度区统计

序号	深度方向/m	水平方向/m	面积/m²
1	12.1～12.6	0～6.2	3.7

结论	平均波速为 2 237 m/s，评价波速较高；波速离散度为 17.5%，离散程度中等；有 85.7% 的区域波速集中于 1 500～2 500 m/s 之间，小于 1 500 m/s 的低波速区有一块，面积为 3.7 m²，所占面积 3.5%，缺陷区域较大。评分赋值：36。 　　综合分析认为，CT 层析图上，表现为深蓝色的区域，为帷幕桩体的薄弱层，存在离析等缺陷问题，有渗漏的风险。

| 断面 4：ZK4—ZK5 | 龄期 | >30 d |

| 速度分布云图 | 声波 CT 检测结果 |

波速统计

平均波速/（m·s⁻¹）	2 347	离散度	11.3%

面积统计

<1 500 m/s	2.1%	1 500～2 500 m/s	87.4%	≥2 500 m/s	10.5%

低强度区统计

序号	深度方向/m	水平方向/m	面积/m²
1	13.6～14.4	4.5～8.9	3.3

结论	平均波速为 2 347 m/s，评价波速较高；波速离散度为 11.3%，离散程度较小；有 87.4% 的区域波速集中于 1 500～2 500 m/s 之间，小于 1 500 m/s 的低波速区有一块，面积为 3.3 m²，所占面积 2.1%，缺陷区域中等。评分赋值：44。 　　综合分析认为，CT 层析图上，表现为深蓝色的区域，为帷幕桩体的薄弱层，存在离析等缺陷问题，有渗漏的风险。

（续表）

断面 5：ZK5—ZK6			龄期	>30 d

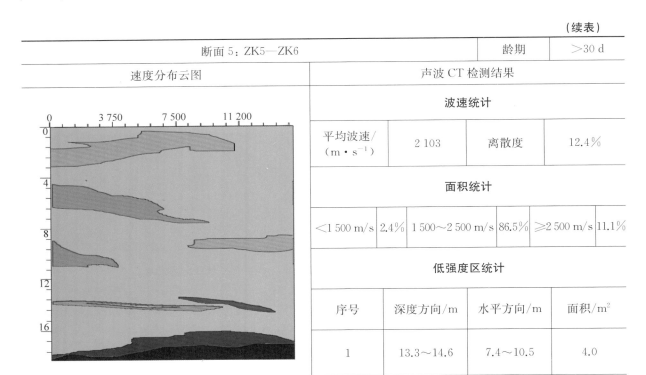

速度分布云图	声波 CT 检测结果		
	波速统计		
	平均波速/ （m·s⁻¹）	2 103	离散度	12.4%
	面积统计		
	<1 500 m/s	2.4%	1 500～2 500 m/s	86.5%	≥2 500 m/s	11.1%
	低强度区统计		
	序号	深度方向/m	水平方向/m	面积/m²
	1	13.3～14.6	7.4～10.5	4.0

结论	平均波速为 2 103 m/s，评价波速中等；波速离散度为 12.4%，离散程度较小；有 86.5% 的区域波速集中于 1 500～2 500 m/s 之间，小于 1 500 m/s 的低波速区有一块，面积为 4.0 m²，所占面积 2.4%，缺陷区域中等。评分赋值：40。 　　综合分析认为，CT 层析图上，表现为深蓝色的区域，为帷幕桩体的薄弱层，存在离析等缺陷问题，有渗漏的风险。

断面 6：ZK6—ZK7			龄期	>30 d

速度分布云图	声波 CT 检测结果		
	波速统计		
	平均波速/ （m·s⁻¹）	2 337	离散度	19.5%
	面积统计		
	<1 500 m/s	4.2%	1 500～2 500 m/s	73.6%	≥2 500 m/s	22.2%
	低强度区统计		
	序号	深度方向/m	水平方向/m	面积/m²
	1	14.2～15.3	4.5～10.4	5.7

结论	平均波速为 2 337 m/s，评价波速较高；波速离散度为 19.5%，离散程度中等；有 73.6% 的区域波速集中于 1 500～2 500 m/s 之间，小于 1 500 m/s 的低波速区有一块，面积为 5.7 m²，所占面积 4.2%，缺陷区域较大。评分赋值：36。 　　综合分析认为，CT 层析图上，表现为深蓝色的区域，为帷幕桩体的薄弱层，存在离析等缺陷问题，有渗漏的风险。

（续表）

断面 7：ZK7—ZK8			龄期	>30 d

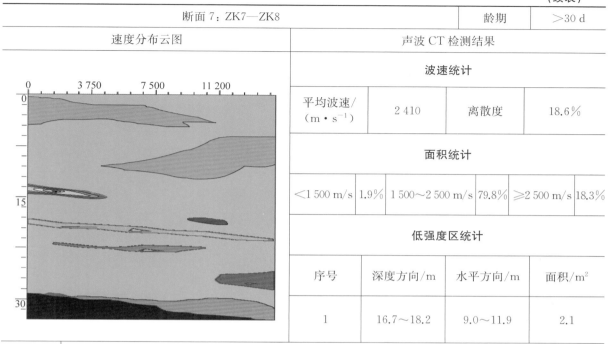

速度分布云图	声波 CT 检测结果			
	波速统计			
	平均波速/ （m·s⁻¹）	2 410	离散度	18.6%
	面积统计			
	<1 500 m/s 1.9%	1 500～2 500 m/s 79.8%	≥2 500 m/s 18.3%	
	低强度区统计			
	序号	深度方向/m	水平方向/m	面积/m²
	1	16.7～18.2	9.0～11.9	2.1

结论	平均波速为 2 410 m/s，评价波速较高；波速离散度为 18.6%，离散程度中等；有 79.8% 的区域波速集中于 1 500～2 500 m/s 之间，小于 1 500 m/s 的低波速区有一块，面积为 2.1 m²，所占面积 1.9%，缺陷区域较小。评分赋值：44。 　　综合分析认为，CT 层析图上，表现为深蓝色的区域，为帷幕桩体的薄弱层，存在离析等缺陷问题，有渗漏的风险。

断面 8：ZK8—ZK9			龄期	>30 d

速度分布云图	声波 CT 检测结果			
	波速统计			
	平均波速/ （m·s⁻¹）	2 243	离散度	14.9%
	面积统计			
	<1 500 m/s 2.3%	1 500～2 500 m/s 81.7%	≥2 500 m/s 16.0%	
	低强度区统计			
	序号	深度方向/m	水平方向/m	面积/m²
	1	18.2～21.3	6.7～11.3	3.8

结论	平均波速为 2 243 m/s，评价波速较高；波速离散度为 14.9%，离散程度较小；有 81.7% 的区域波速集中于 1 500～2 500 m/s 之间，小于 1 500 m/s 的低波速区有一块，面积为 3.8 m²，所占面积 2.3%，缺陷区域中等。评分赋值：44。 　　综合分析认为，CT 层析图上，表现为深蓝色的区域，为帷幕桩体的薄弱层，存在离析等缺陷问题，有渗漏的风险。

（续表）

断面 9：ZK9—ZK10	龄期	>30 d

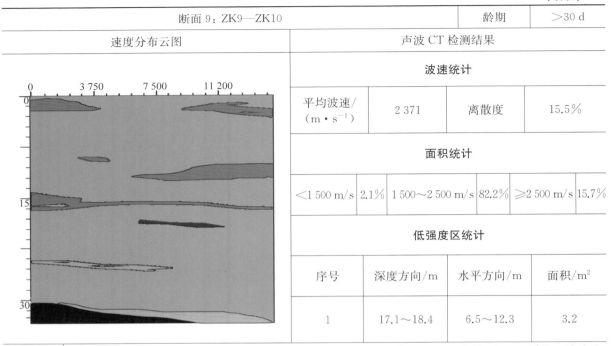

速度分布云图	声波 CT 检测结果		
	波速统计		
	平均波速/ (m·s⁻¹)	2 371	离散度	15.5%

	面积统计				
	<1 500 m/s	2.1%	1 500～2 500 m/s	82.2%	≥2 500 m/s	15.7%

低强度区统计			
序号	深度方向/m	水平方向/m	面积/m²
1	17.1～18.4	6.5～12.3	3.2

结论	平均波速为 2 371 m/s,评价波速较高;波速离散度为 15.5%,离散程度中等;有 82.2% 的区域波速集中于 1 500～2 500 m/s 之间,小于 1 500 m/s 的低波速区有一块,面积为 3.2 m²,所占面积 2.1%,缺陷区域中等。评分赋值：40。 　　综合分析认为,CT 层析图上,表现为深蓝色的区域,为帷幕桩体的薄弱层,存在离析等缺陷问题,有渗漏的风险。

断面 10：ZK10—ZK11	龄期	>30 d

速度分布云图	声波 CT 检测结果		
	波速统计		
	平均波速/ (m·s⁻¹)	2 298	离散度	13.7%

	面积统计				
	<1 500 m/s	2.7%	1 500～2 500 m/s	79.5%	≥2 500 m/s	17.8%

低强度区统计			
序号	深度方向/m	水平方向/m	面积/m²
1	15.9～17.8	6.6～11.9	3.6

结论	平均波速为 2 298 m/s,评价波速较高;波速离散度为 13.7%,离散程度较小;有 79.5% 的区域波速集中于 1 500～2 500 m/s 之间,小于 1 500 m/s 的低波速区有一块,面积为 3.6 m²,所占面积 2.7%,缺陷区域中等。评分赋值：44。 　　综合分析认为,CT 层析图上,表现为深蓝色的区域,为帷幕桩体的薄弱层,存在离析等缺陷问题,有渗漏的风险。

(续表)

断面 11：ZK11—ZK12	龄期	>30 d

速度分布云图	声波 CT 检测结果

波速统计

平均波速/ （m·s⁻¹）	2 346	离散度	21.7%

面积统计

<1 500 m/s	3.5%	1 500～2 500 m/s	75.3%	≥2 500 m/s	21.2%

低强度区统计

序号	深度方向/m	水平方向/m	面积/m²
1	15.2～16.4	1.5～7.6	4.3

结论

平均波速为 2 346 m/s，评价波速较高；波速离散度为 21.7%，离散程度较大等；有 75.3% 的区域波速集中于 1 500～2 500 m/s 之间，小于 1 500 m/s 的低波速区有一块，面积为 4.3 m²，所占面积 3.5%，缺陷区域较大。评分赋值：32。

综合分析认为，CT 层析图上，表现为深蓝色的区域，为帷幕桩体的薄弱层，存在离析等缺陷问题，有渗漏的风险。

断面 12：ZK12—ZK13	龄期	>30 d

速度分布云图	声波 CT 检测结果

波速统计

平均波速/ （m·s⁻¹）	2 243	离散度	19.8%

面积统计

<1 500 m/s	4.6%	1 500～2 500 m/s	74.2%	≥2 500 m/s	21.2%

低强度区统计

序号	深度方向/m	水平方向/m	面积/m²
1	15.1～16.7	1.8～12.3	6.3

结论

平均波速 2 243 m/s，评价波速较高；波速离散度为 19.8%，离散程度中等；有 74.2% 的区域波速集中于 1 500～2 500 m/s 之间，小于 1 500 m/s 的低波速区有一块，面积为 6.3 m²，所占面积 4.6%，缺陷区域较大。评分赋值：36。

综合分析认为，CT 层析图上，表现为深蓝色的区域，为帷幕桩体的薄弱层，存在离析等缺陷问题，有渗漏的风险。

（续表）

断面 13：ZK13—ZK14	龄期	>30 d

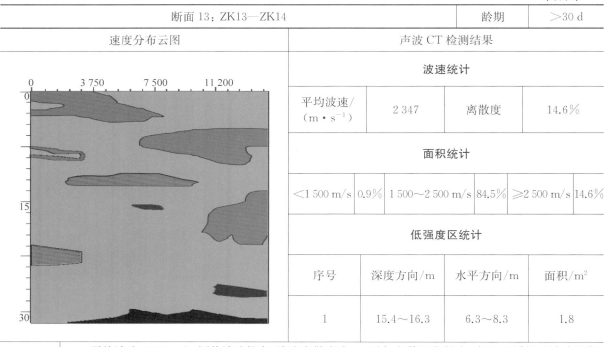

<table>
<tr><td colspan="2" align="center">速度分布云图</td><td colspan="4" align="center">声波 CT 检测结果</td></tr>
<tr><td colspan="2"></td><td colspan="4" align="center">波速统计</td></tr>
<tr><td colspan="2"></td><td align="center">平均波速/
(m·s⁻¹)</td><td align="center">2 347</td><td align="center">离散度</td><td align="center">14.6%</td></tr>
<tr><td colspan="2"></td><td colspan="4" align="center">面积统计</td></tr>
<tr><td colspan="2"></td><td align="center"><1 500 m/s</td><td align="center">0.9%</td><td align="center">1 500～2 500 m/s</td><td align="center">84.5%</td></tr>
</table>

面积统计：<1 500 m/s 0.9%｜1 500～2 500 m/s 84.5%｜≥2 500 m/s 14.6%

低强度区统计

序号	深度方向/m	水平方向/m	面积/m²
1	15.4～16.3	6.3～8.3	1.8

结论	平均波速 2 347 m/s，评价波速较高；波速离散度为 14.6%，离散程度较小；有 84.5% 的区域波速集中于 1 500～2 500 m/s 之间，小于 1 500 m/s 的低波速区有一块，面积为 1.8 m²，所占面积 0.9%，缺陷区域小。评分赋值：52。 　　综合分析认为，CT 层析图上，表现为深蓝色的区域，为帷幕桩体的薄弱层，存在离析等缺陷问题，有渗漏的风险。

断面 14：ZK14—ZK15	龄期	>30 d

速度分布云图	声波 CT 检测结果

波速统计

平均波速/ (m·s⁻¹)	2 245	离散度	13.7%

面积统计

<1 500 m/s	1.3%	1 500～2 500 m/s	81.7%	≥2 500 m/s	17.0%

低强度区统计

序号	深度方向/m	水平方向/m	面积/m²
1	14.8～15.8	3.0～6.8	2.7

结论	平均波速 2 245 m/s，评价波速较高；波速离散度为 13.7%，离散程度较小；有 81.7% 的区域波速集中于 1 500～2 500 m/s 之间，小于 1 500 m/s 的低波速区有一块，面积为 2.7 m²，所占面积 1.3%，缺陷区域较小。评分赋值：48。 　　综合分析认为，CT 层析图上，表现为深蓝色的区域，为帷幕桩体的薄弱层，存在离析等缺陷问题，有渗漏的风险。

(续表)

断面 15：ZK15—ZK16	龄期	>30 d

速度分布云图	声波 CT 检测结果

波速统计

平均波速/(m·s⁻¹)	2 347	离散度	14.6%

面积统计

<1 500 m/s	1.6%	1 500～2 500 m/s	83.8%	≥2 500 m/s	14.6%

低强度区统计

序号	深度方向/m	水平方向/m	面积/m²
1	16.3～18.1	2.7～5.3	3.2

结论

　　平均波速 2 347 m/s，评价波速较高；波速离散度为 14.6%，离散程度较小；有 83.8% 的区域波速集中于 1 500～2 500 m/s 之间，小于 1 500 m/s 的低波速区有一块，面积为 3.2 m²，所占面积 1.6%，缺陷区域较小。评分赋值：48。

　　综合分析认为，CT 层析图上，表现为深蓝色的区域，为帷幕桩体的薄弱层，存在离析等缺陷问题，有渗漏的风险。

断面 16：ZK16—ZK17	龄期	>30 d

速度分布云图	声波 CT 检测结果

波速统计

平均波速/(m·s⁻¹)	2 417	离散度	15.8%

面积统计

<1 500 m/s	2.9%	1 500～2 500 m/s	82.7%	≥2 500 m/s	14.4%

低强度区统计

序号	深度方向/m	水平方向/m	面积/m²
1	14.7～15.8	0～2.3	2.7
2	14.8～15.3	13.5～15	1.1

结论

　　平均波速 2 417 m/s，评价波速较高；波速离散度为 15.8%，离散程度中等；有 82.7% 的区域波速集中于 1 500～2 500 m/s 之间，小于 1 500 m/s 的低波速区有两块，面积分别为 2.7 m² 和 1.1 m²，所占面积 2.9%，缺陷区域中等。评分赋值：40。

　　综合分析认为，CT 层析图上，表现为深蓝色的区域，为帷幕桩体的薄弱层，存在离析等缺陷问题，有渗漏的风险。

（续表）

断面 17：ZK17—ZK18		龄期	＞30 d

速度分布云图	声波 CT 检测结果

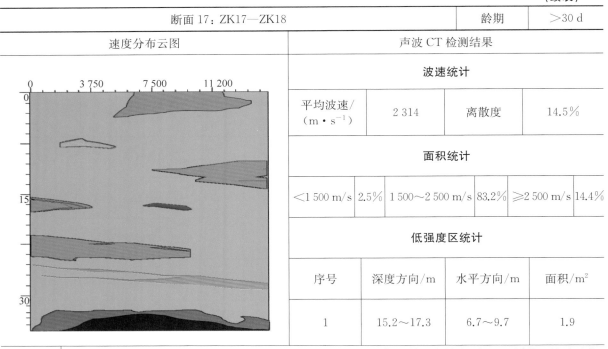

声波 CT 检测结果

波速统计

平均波速/ （m·s⁻¹）	2 314	离散度	14.5％

面积统计

＜1 500 m/s	2.5％	1 500～2 500 m/s	83.2％	≥2 500 m/s	14.4％

低强度区统计

序号	深度方向/m	水平方向/m	面积/m²
1	15.2～17.3	6.7～9.7	1.9

结论	平均波速 2 314 m/s，评价波速较高；波速离散度为 14.5％，离散程度较小；有 83.2％ 的区域波速集中于 1 500～2 500 m/s 之间，小于 1 500 m/s 的低波速区有一块，面积为 1.9 m²，所占面积 2.5％，缺陷区域中等。评分赋值：44。 　　综合分析认为，CT 层析图上，表现为深蓝色的区域，为帷幕桩体的薄弱层，存在离析等缺陷问题，有渗漏的风险。

断面 18：ZK18—ZK19		龄期	＞30 d

速度分布云图	声波 CT 检测结果

声波 CT 检测结果

波速统计

平均波速/ （m·s⁻¹）	2 275	离散度	14.7％

面积统计

＜1 500 m/s	2.5％	1 500～2 500 m/s	83.2％	≥2 500 m/s	14.4％

低强度区统计

序号	深度方向/m	水平方向/m	面积/m²
1	15.0～17.1	0～3.4	2.3

结论	平均波速 2 275 m/s，评价波速较高；波速离散度为 14.7％，离散性较小；有 83.2％ 的区域波速集中于 1 500～2 500 m/s 之间，小于 1 500 m/s 的低波速区有一块，面积为 2.3 m²，所占面积 2.5％，缺陷区域中等。评分赋值：44。 　　综合分析认为，CT 层析图上，表现为深蓝色的区域，为帷幕桩体的薄弱层，存在离析等缺陷问题，有渗漏的风险。

(续表)

断面 19：ZK19—ZK20	龄期	>30 d

速度分布云图	声波 CT 检测结果

波速统计

平均波速/(m·s⁻¹)	2 264	离散度	16.2%

面积统计

<1 500 m/s	2.7%	1 500~2 500 m/s	81.6%	≥2 500 m/s	15.7%

低强度区统计

序号	深度方向/m	水平方向/m	面积/m²
1	15.7~16.8	10.5~14.3	2.3

结论：平均波速 2 264 m/s，评价波速较高；波速离散度为 16.2%，离散程度中等；有 81.6% 的区域波速集中于 1 500~2 500 m/s 之间，小于 1 500 m/s 的低波速区有一块，面积为 2.3 m²，所占面积 2.7%，缺陷区域中等。评分赋值：40。

综合分析认为，CT 层析图上，表现为深蓝色的区域，为帷幕桩体的薄弱层，存在离析等缺陷问题，有渗漏的风险。

断面 20：ZK20—ZK21	龄期	>30 d

速度分布云图	声波 CT 检测结果

波速统计

平均波速/(m·s⁻¹)	2 286	离散度	18.4%

面积统计

<1 500 m/s	5.6%	1 500~2 500 m/s	76.6%	≥2 500 m/s	17.8%

低强度区统计

序号	深度方向/m	水平方向/m	面积/m²
1	13.2~14.6	3.5~9.2	4.8

结论：平均波速 2 286 m/s，评价波速较高；波速离散度为 18.4%，离散程度中等；有 76.6% 的区域波速集中于 1 500~2 500 m/s 之间，小于 1 500 m/s 的低波速区有一块，面积为 4.8 m²，所占面积 5.6%，缺陷区域大。评分赋值：32。

综合分析认为，CT 层析图上，表现为深蓝色的区域，为帷幕桩体的薄弱层，存在离析等缺陷问题，有渗漏的风险。

(续表)

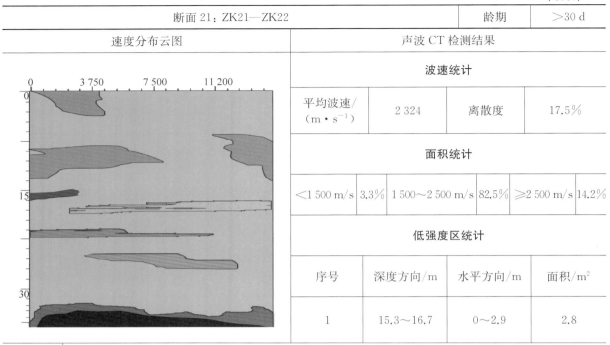

断面21：ZK21—ZK22	龄期	>30 d

速度分布云图	声波CT检测结果

波速统计

平均波速/(m·s⁻¹)	2 324	离散度	17.5%

面积统计

<1 500 m/s	3.3%	1 500~2 500 m/s	82.5%	≥2 500 m/s	14.2%

低强度区统计

序号	深度方向/m	水平方向/m	面积/m²
1	15.3~16.7	0~2.9	2.8

结论

平均波速2 324 m/s，评价波速较高；波速离散度为17.5%，离散程度中等；有82.5%的区域波速集中于1 500~2 500 m/s之间，小于1 500 m/s的低波速区有一块，面积为2.8 m²，所占面积3.3%，缺陷区域较大。评分赋值：36。

综合分析认为，CT层析图上，表现为深蓝色的区域，为帷幕桩体的薄弱层，存在离析等缺陷问题，有渗漏的风险。

断面22：ZK22—ZK23	龄期	>30 d

速度分布云图	声波CT检测结果

波速统计

平均波速/(m·s⁻¹)	2 324	离散度	16.4%

面积统计

<1 500 m/s	2.8%	1 500~2 500 m/s	87.6%	≥2 500 m/s	9.6%

低强度区统计

序号	深度方向/m	水平方向/m	面积/m²
1	15.5~17.3	11.7~15.0	3.5

结论

平均波速2 324 m/s，评价波速较高；波速离散度为16.4%，离散程度中等；有87.6%的区域波速集中于1 500~2 500 m/s之间，小于1 500 m/s的低波速区有一块，面积为3.5 m²，所占面积2.8%，缺陷区域中等。评分赋值：40。

综合分析认为，CT层析图上，表现为深蓝色的区域，为帷幕桩体的薄弱层，存在离析等缺陷问题，有渗漏的风险。

（续表）

断面23：ZK23—ZK24	龄期	＞30 d

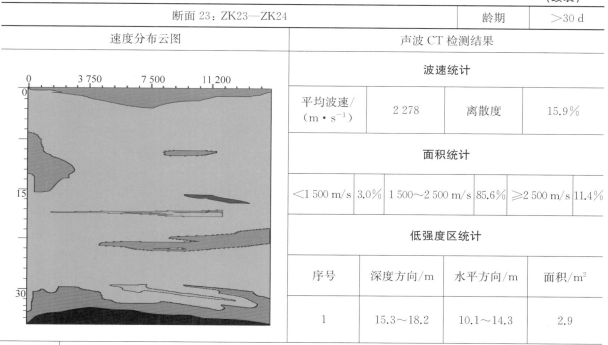

速度分布云图	声波CT检测结果

波速统计

平均波速/(m·s⁻¹)	2 278	离散度	15.9%

面积统计

＜1 500 m/s	3.0%	1 500～2 500 m/s	85.6%	≥2 500 m/s	11.4%

低强度区统计

序号	深度方向/m	水平方向/m	面积/m²
1	15.3～18.2	10.1～14.3	2.9

结论

平均波速2 278 m/s,评价波速较高;波速离散度为15.9%,离散程度中等;有85.6%的区域波速集中于1 500～2 500 m/s之间,小于1 500 m/s的低波速区有一块,面积为2.9 m²,所占面积3.0%,缺陷区域中等。评分赋值:40。

综合分析认为,CT层析图上,表现为深蓝色的区域,为帷幕桩体的薄弱层,存在离析等缺陷问题,有渗漏的风险。

断面24：ZK24—ZK25	龄期	＞30 d

速度分布云图	声波CT检测结果

波速统计

平均波速/(m·s⁻¹)	2 137	离散度	17.5%

面积统计

＜1 500 m/s	2.4%	1 500～2 500 m/s	83.2%	≥2 500 m/s	14.4%

低强度区统计

序号	深度方向/m	水平方向/m	面积/m²
1	16.7～17.8	1.1～3.8	2.1

结论

平均波速2 137 m/s,评价波速中等;波速离散度为17.5%,离散程度中等;有83.2%的区域波速集中于1 500～2 500 m/s之间,小于1 500 m/s的低波速区有一块,面积为2.1 m²,所占面积2.4%,缺陷区域中等。评分赋值:36。

综合分析认为,CT层析图上,表现为深蓝色的区域,为帷幕桩体的薄弱层,存在离析等缺陷问题,有渗漏的风险。

断面 25：ZK25—ZK26	龄期	>30 d

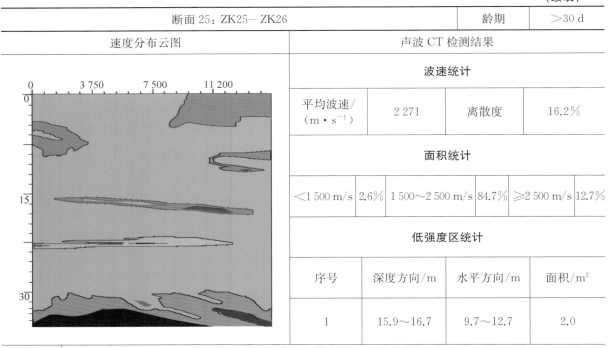

速度分布云图	声波 CT 检测结果

波速统计

平均波速/(m·s⁻¹)	2 271	离散度	16.2%

面积统计

<1 500 m/s	2.6%	1 500～2 500 m/s	84.7%	≥2 500 m/s	12.7%

低强度区统计

序号	深度方向/m	水平方向/m	面积/m²
1	15.9～16.7	9.7～12.7	2.0

结论	平均波速 2 271 m/s，评价波速较高；波速离散度为 16.2%，离散程度中等；有 84.7% 的区域波速集中于 1 500～2 500 m/s 之间，小于 1 500 m/s 的低波速区有一块，面积为 2.0 m²，所占面积 2.6%，缺陷区域中等。评分赋值：40。 　综合分析认为，CT 层析图上，表现为深蓝色的区域，为帷幕桩体的薄弱层，存在离析等缺陷问题，有渗漏的风险。

断面 26：ZK26—ZK27	龄期	>30 d

速度分布云图	声波 CT 检测结果

波速统计

平均波速/(m·s⁻¹)	2 317	离散度	17.4%

面积统计

<1 500 m/s	3.4%	1 500～2 500 m/s	86.5%	≥2 500 m/s	10.1%

低强度区统计

序号	深度方向/m	水平方向/m	面积/m²
1	16.7～17.6	1.3～5.1	2.6

结论	平均波速 2 317 m/s，评价波速较高；波速离散度为 17.4%，离散程度中等；有 86.5% 的区域波速集中于 1 500～2 500 m/s 之间，小于 1 500 m/s 的低波速区有一块，面积为 2.6 m²，所占面积 3.4%，缺陷区域较大。评分赋值：36。 　综合分析认为，CT 层析图上，表现为深蓝色的区域，为帷幕桩体的薄弱层，存在离析等缺陷问题，有渗漏的风险。

（续表）

断面 27：ZK27—ZK28	龄期	>30 d

速度分布云图	声波 CT 检测结果

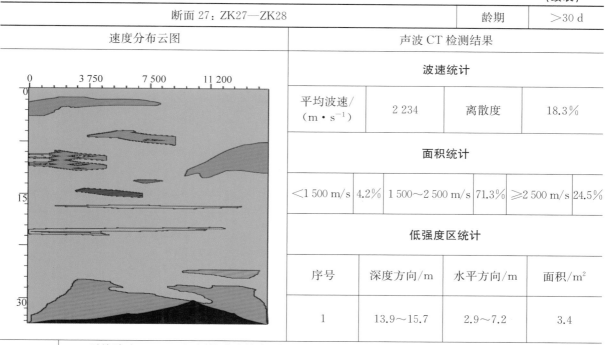

波速统计

平均波速/（m·s⁻¹）	2 234	离散度	18.3%

面积统计

<1 500 m/s	4.2%	1 500～2 500 m/s	71.3%	≥2 500 m/s	24.5%

低强度区统计

序号	深度方向/m	水平方向/m	面积/m²
1	13.9～15.7	2.9～7.2	3.4

结论：　平均波速 2 234 m/s，评价波速较高；波速离散度为 18.3%，离散程度中等；有 71.3% 的区域波速集中于 1 500～2 500 m/s 之间，小于 1 500 m/s 的低波速区有一块，面积为 3.4 m²，所占面积 4.2%，缺陷区域较大。评分赋值：36。
　综合分析认为，CT 层析图上，表现为深蓝色的区域，为帷幕桩体的薄弱层，存在离析等缺陷问题，有渗漏的风险。

断面 28：ZK28—ZK29	龄期	>30 d

速度分布云图	声波 CT 检测结果

波速统计

平均波速/（m·s⁻¹）	2 139	离散度	16.7%

面积统计

<1 500 m/s	1.9%	1 500～2 500 m/s	76.5%	≥2 500 m/s	21.6%

低强度区统计

序号	深度方向/m	水平方向/m	面积/m²
1	11.8～13.1	9.1～11.9	1.9

结论：　平均波速 2 139 m/s，评价波速中等；波速离散度为 16.7%，离散程度中等；有 76.5% 的区域波速集中于 1 500～2 500 m/s 之间，小于 1 500 m/s 的低波速区有一块，面积为 1.9 m²，所占面积 1.9%，缺陷区域较小。评分赋值：40。
　综合分析认为，CT 层析图上，表现为深蓝色的区域，为帷幕桩体的薄弱层，存在离析等缺陷问题，有渗漏的风险。

断面 29：ZK29—ZK30			龄期	>30 d

速度分布云图	声波 CT 检测结果			

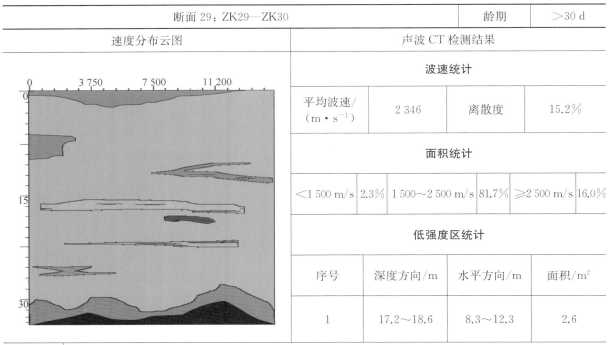

波速统计

平均波速/(m·s⁻¹)	2 346	离散度	15.2%

面积统计

<1 500 m/s	2.3%	1 500~2 500 m/s	81.7%	≥2 500 m/s	16.0%

低强度区统计

序号	深度方向/m	水平方向/m	面积/m²
1	17.2~18.6	8.3~12.3	2.6

结论	平均波速 2 346 m/s，评价波速较高；波速离散度为 15.2%，离散程度中等；有 81.7% 的区域波速集中于 1 500~2 500 m/s 之间，小于 1 500 m/s 的低波速区有一块，面积为 2.6 m²，所占面积 2.3%，缺陷区域中等。评分赋值：40。 　　综合分析认为，CT 层析图上，表现为深蓝色的区域，为帷幕桩体的薄弱层，存在离析等缺陷问题，有渗漏的风险。

断面 30：ZK30—ZK31			龄期	>30 d

速度分布云图	声波 CT 检测结果			

波速统计

平均波速/(m·s⁻¹)	2 376	离散度	17.4%

面积统计

<1 500 m/s	6.4%	1 500~2 500 m/s	78.7%	≥2 500 m/s	14.9%

低强度区统计

序号	深度方向/m	水平方向/m	面积/m²
1	12.3~15.1	0.8~8.3	4.7

结论	平均波速 2 376 m/s，评价波速较高；波速离散度为 17.4%，离散程度中等；有 78.7% 的区域波速集中于 1 500~2 500 m/s 之间，小于 1 500 m/s 的低波速区有一块，面积为 4.7 m²，所占面积 6.4%，缺陷区域大。评分赋值：32。 　　综合分析认为，CT 层析图上，表现为深蓝色的区域，为帷幕桩体的薄弱层，存在离析等缺陷问题，有渗漏的风险。

（续表）

| 断面 31：ZK31—ZK32 | | | 龄期 | >30 d |

速度分布云图	声波 CT 检测结果

波速统计

平均波速/(m·s⁻¹)	2 278	离散度	15.7%

面积统计

<1 500 m/s	3.2%	1 500～2 500 m/s	84.5%	≥2 500 m/s	9.8%

低强度区统计

序号	深度方向/m	水平方向/m	面积/m²
1	14.2～15.9	6.6～9.5	2.5

结论	平均波速 2 278 m/s，评价波速较高；波速离散度为 15.7%，离散程度中等；有 84.5% 的区域波速集中于 1 500～2 500 m/s 之间，小于 1 500 m/s 的低波速区有一块，面积为 2.5 m²，所占面积 3.2%，缺陷区域较大。评分赋值：36。 综合分析认为，CT 层析图上，表现为深蓝色的区域，为帷幕桩体的薄弱层，存在离析等缺陷问题，有渗漏的风险。

| 断面 32：ZK32—ZK33 | | | 龄期 | >30 d |

速度分布云图	声波 CT 检测结果

波速统计

平均波速/(m·s⁻¹)	2 309	离散度	18.6%

面积统计

<1 500 m/s	3.7%	1 500～2 500 m/s	81.6%	≥2 500 m/s	14.7%

低强度区统计

序号	深度方向/m	水平方向/m	面积/m²
1	12.0～14.6	0.9～4.5	4.6

结论	平均波速 2 309 m/s，评价波速较高；波速离散度为 18.6%，离散程度中等；有 81.6% 的区域波速集中于 1 500～2 500 m/s 之间，小于 1 500 m/s 的低波速区有一块，面积为 4.6 m²，所占面积 3.7%，缺陷区域较大。评分赋值：36。 综合分析认为，CT 层析图上，表现为深蓝色的区域，为帷幕桩体的薄弱层，存在离析等缺陷问题，有渗漏的风险。

（续表）

断面 33：ZK33—ZK34	龄期	>30 d

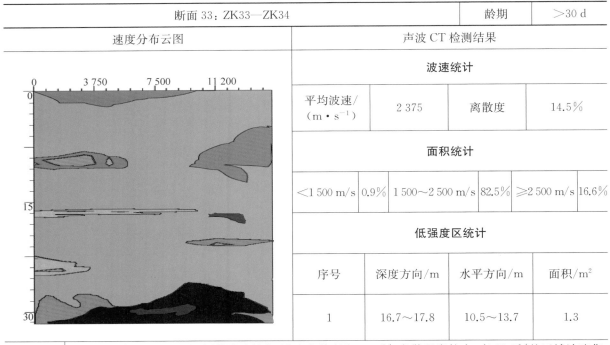

速度分布云图	声波 CT 检测结果				
	波速统计				
	平均波速/ (m·s⁻¹)	2 375	离散度		14.5%
	面积统计				
	<1 500 m/s	0.9%	1 500～2 500 m/s	82.5%	≥2 500 m/s 16.6%
	低强度区统计				
	序号	深度方向/m	水平方向/m		面积/m²
	1	16.7～17.8	10.5～13.7		1.3

结论

平均波速 2 375 m/s，评价波速较高；波速离散度为 14.5%，离散程度较小；有 82.5% 的区域波速集中于 1 500～2 500 m/s 之间，小于 1 500 m/s 的低波速区有一块，面积为 1.3 m²，所占面积 0.9%，缺陷区域小。评分赋值：52。

综合分析认为，CT 层析图上，表现为深蓝色的区域，为帷幕桩体的薄弱层，存在离析等缺陷问题，有渗漏的风险。

断面 34：ZK34—ZK35	龄期	>30 d

速度分布云图	声波 CT 检测结果				
	波速统计				
	平均波速/ (m·s⁻¹)	2 314	离散度		14.2%
	面积统计				
	<1 500 m/s	2.9%	1 500～2 500 m/s	86.7%	≥2 500 m/s 10.4%
	低强度区统计				
	序号	深度方向/m	水平方向/m		面积/m²
	1	14.9～16.5	5.2～9.2		2.3

结论

平均波速 2 314 m/s，评价波速较高；波速离散度为 14.2%，离散程度较小；有 86.7% 的区域波速集中于 1 500～2 500 m/s 之间，小于 1 500 m/s 的低波速区有一块，面积为 2.3 m²，所占面积 2.9%，缺陷区域中等。评分赋值：44。

综合分析认为，CT 层析图上，表现为深蓝色的区域，为帷幕桩体的薄弱层，存在离析等缺陷问题，有渗漏的风险。

(续表)

断面 35：ZK35—ZK36	龄期	>30 d

速度分布云图	声波 CT 检测结果

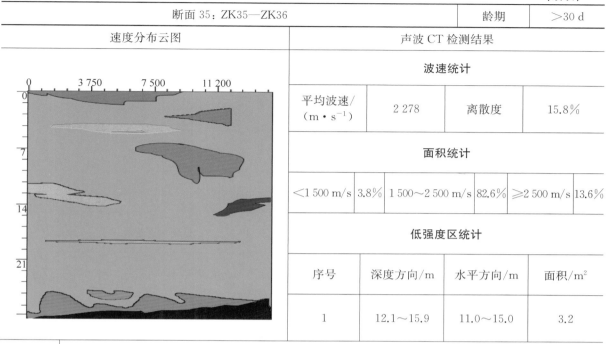

波速统计

平均波速/ （m·s⁻¹）	2 278	离散度	15.8%

面积统计

<1 500 m/s	3.8%	1 500～2 500 m/s	82.6%	≥2 500 m/s	13.6%

低强度区统计

序号	深度方向/m	水平方向/m	面积/m²
1	12.1～15.9	11.0～15.0	3.2

结论	平均波速 2 278 m/s，评价波速较高；波速离散度为 15.8%，离散程度中等；有 82.6% 的区域波速集中于 1 500～2 500 m/s 之间，小于 1 500 m/s 的低波速区有一块，面积为 3.2 m²，所占面积 3.8%，缺陷区域较大。评分赋值：36。 　　综合分析认为，CT 层析图上，表现为深蓝色的区域，为帷幕桩体的薄弱层，存在离析等缺陷问题，有渗漏的风险。

断面 36：ZK36—ZK37	龄期	>30 d

速度分布云图	声波 CT 检测结果

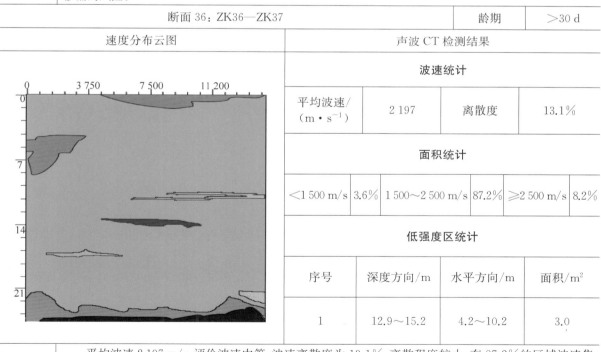

波速统计

平均波速/ （m·s⁻¹）	2 197	离散度	13.1%

面积统计

<1 500 m/s	3.6%	1 500～2 500 m/s	87.2%	≥2 500 m/s	8.2%

低强度区统计

序号	深度方向/m	水平方向/m	面积/m²
1	12.9～15.2	4.2～10.2	3.0

结论	平均波速 2 197 m/s，评价波速中等；波速离散度为 13.1%，离散程度较小；有 87.2% 的区域波速集中于 1 500～2 500 m/s 之间，小于 1 500 m/s 的低波速区有一块，面积为 3.0 m²，所占面积 3.6%，缺陷区域较大。评分赋值：36。 　　综合分析认为，CT 层析图上，表现为深蓝色的区域，为帷幕桩体的薄弱层，存在离析等缺陷问题，有渗漏的风险。

断面 37：ZK37—ZK38		龄期	>30 d

速度分布云图	声波 CT 检测结果

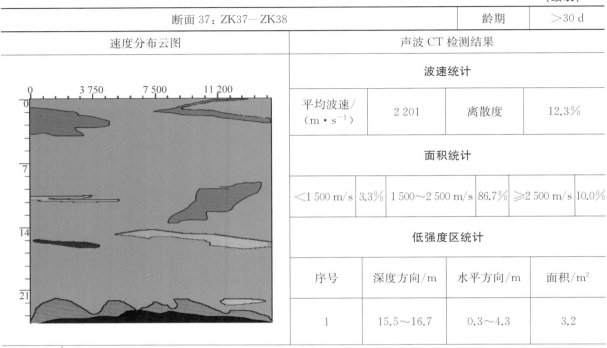

波速统计

平均波速/ （m·s⁻¹）	2 201	离散度	12.3%

面积统计

<1 500 m/s	3.3%	1 500～2 500 m/s	86.7%	≥2 500 m/s	10.0%

低强度区统计

序号	深度方向/m	水平方向/m	面积/m²
1	15.5～16.7	0.3～4.3	3.2

结论	平均波速 2 201 m/s，评价波速中等；波速离散度为 12.3%，离散程度较小；有 86.7% 的区域波速集中于 1 500～2 500 m/s 之间，小于 1 500 m/s 的低波速区有一块，面积为 3.2 m²，所占面积 3.3%，缺陷区域较大。评分赋值：36。 　　综合分析认为，CT 层析图上，表现为深蓝色的区域，为帷幕桩体的薄弱层，存在离析等缺陷问题，有渗漏的风险。

断面 38：ZK38—ZK39		龄期	>30 d

速度分布云图	声波 CT 检测结果

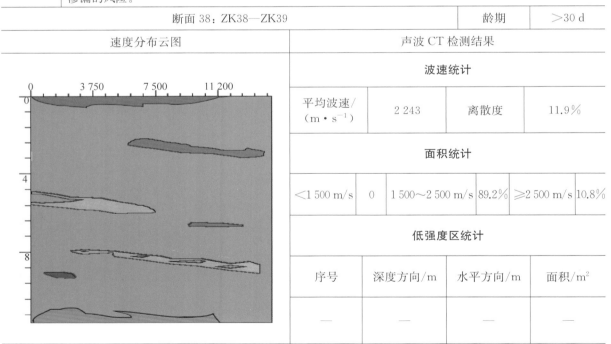

波速统计

平均波速/ （m·s⁻¹）	2 243	离散度	11.9%

面积统计

<1 500 m/s	0	1 500～2 500 m/s	89.2%	≥2 500 m/s	10.8%

低强度区统计

序号	深度方向/m	水平方向/m	面积/m²
—	—	—	—

结论	平均波速 2 243 m/s，评价波速较高；波速离散度为 11.9%，离散程度较小；有 89.2% 的区域波速集中于 1 500～2 500 m/s 之间，无小于 1 500 m/s 的低波速区。评分赋值：52。

（续表）

断面 39：ZK39—ZK40	龄期	>30 d

速度分布云图	声波 CT 检测结果

波速统计

平均波速/ (m · s⁻¹)	2 213	离散度	10.4%

面积统计

<1 500 m/s	0	1 500~2 500 m/s	93.1%	≥2 500 m/s	6.9%

低强度区统计

序号	深度方向/m	水平方向/m	面积/m²
—	—	—	—

结论	平均波速 2 213 m/s，评价波速较高；波速离散度为 10.4%，离散程度较小；有 93.1% 的区域波速集中于 1 500~2 500 m/s 之间，无小于 1 500 m/s 的低波速区。评分赋值：52。

断面 40：ZK40—ZK41	龄期	>30 d

速度分布云图	声波 CT 检测结果

波速统计

平均波速/ (m · s⁻¹)	2 276	离散度	9.9%

面积统计

<1 500 m/s	0	1 500~2 500 m/s	94.5%	≥2 500 m/s	5.5%

低强度区统计

序号	深度方向/m	水平方向/m	面积/m²
—	—	—	—

结论	平均波速 2 276 m/s，评价波速较高；波速离散度为 9.9%，离散程度小；有 94.5% 的区域波速集中于 1 500~2 500 m/s 之间，无小于 1 500 m/s 的低波速区。评分赋值：56。

（续表）

断面 41：ZK41—ZK42	龄期	>30 d

<table>
<tr><td colspan="2" align="center">速度分布云图</td><td colspan="4" align="center">声波 CT 检测结果</td></tr>
<tr><td rowspan="8">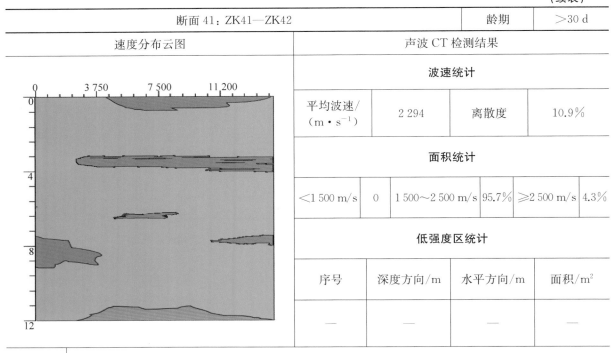</td><td colspan="5" align="center">波速统计</td></tr>
<tr><td align="center">平均波速/
(m·s⁻¹)</td><td align="center">2 294</td><td align="center">离散度</td><td colspan="2" align="center">10.9%</td></tr>
<tr><td colspan="5" align="center">面积统计</td></tr>
<tr><td align="center"><1 500 m/s</td><td align="center">0</td><td align="center">1 500～2 500 m/s</td><td align="center">95.7%</td><td align="center">≥2 500 m/s</td><td align="center">4.3%</td></tr>
</table>

速度分布云图	声波 CT 检测结果			
	波速统计			
	平均波速/(m·s⁻¹)	2 294	离散度	10.9%
	面积统计			
	<1 500 m/s: 0	1 500～2 500 m/s: 95.7%	≥2 500 m/s: 4.3%	
	低强度区统计			
	序号	深度方向/m	水平方向/m	面积/m²
	—	—	—	—

结论	平均波速 2 294 m/s，评价波速较高；波速离散度为 10.9%，离散程度较小；有 95.7% 的区域波速集中于 1 500～2 500 m/s 之间，无小于 1 500 m/s 的低波速区。评分赋值：52。

断面 42：ZK42—ZK43	龄期	>30 d

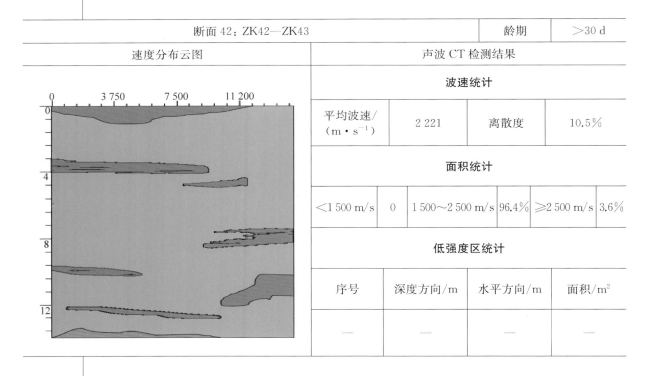

速度分布云图	声波 CT 检测结果			
	波速统计			
	平均波速/(m·s⁻¹)	2 221	离散度	10.5%
	面积统计			
	<1 500 m/s: 0	1 500～2 500 m/s: 96.4%	≥2 500 m/s: 3.6%	
	低强度区统计			
	序号	深度方向/m	水平方向/m	面积/m²
	—	—	—	—

结论	平均波速 2 221 m/s，评价波速较高；波速离散度为 10.5%，离散程度较小；有 96.4% 的区域波速集中于 1 500～2 500 m/s 之间，无小于 1 500 m/s 的低波速区。评分赋值：52。

（续表）

断面 43：ZK66—ZK67	龄期	>30 d

速度分布云图	声波 CT 检测结果

波速统计

平均波速/ （m·s⁻¹）	2 388	离散度	18.6%

面积统计

<1 500 m/s	1.6%	1 500～2 500 m/s	86.5%	≥2 500 m/s	11.9%

低强度区统计

序号	深度方向/m	水平方向/m	面积/m²
1	13.5～14.3	5.2～9.8	1.3

结论	平均波速 2 388 m/s，评价波速较高；波速离散度为 18.6%，离散程度中等；有 86.5% 的区域波速集中于 1 500～2 500 m/s 之间，小于 1 500 m/s 的低波速区有一块，面积为 1.3 m²，所占面积 1.6%，缺陷区域较小。评分赋值：44。 　　综合分析认为，CT 层析图上，表现为深蓝色的区域，为帷幕桩体的薄弱层，存在离析等缺陷问题，有渗漏的风险。

断面 44：ZK67—ZK68	龄期	>30 d

速度分布云图	声波 CT 检测结果

波速统计

平均波速/ （m·s⁻¹）	2 156	离散度	14.7%

面积统计

<1 500 m/s	0	1 500～2 500 m/s	87.9%	≥2 500 m/s	12.1%

低强度区统计

序号	深度方向/m	水平方向/m	面积/m²
—	—	—	—

结论	平均波速 2 156 m/s，评价波速中等；波速离散度为 14.7%，离散程度较小；有 87.9% 的区域波速集中于 1 500～2 500 m/s 之间，无小于 1 500 m/s 的低波速区。评分赋值：48。

（续表）

断面45：ZK68—ZK69	龄期	>30 d

速度分布云图	声波CT检测结果

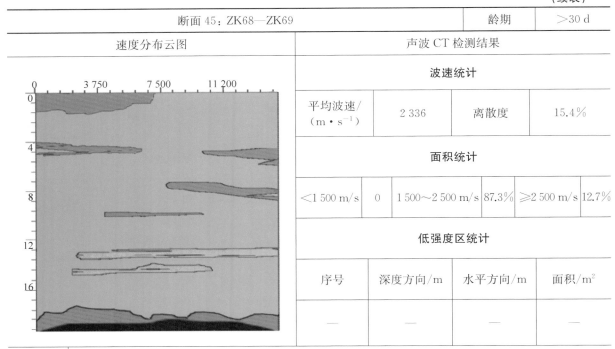

波速统计		
平均波速/（m·s⁻¹）	2 336	离散度	15.4%

面积统计

<1 500 m/s	0	1 500～2 500 m/s	87.3%	≥2 500 m/s	12.7%

低强度区统计

序号	深度方向/m	水平方向/m	面积/m²
—	—	—	—

结论	平均波速2 336 m/s,评价波速较高;波速离散度为15.4%,离散程度中等;有87.3%的区域波速集中于1 500～2 500 m/s之间,无小于1 500 m/s的低波速区。评分赋值：48。

断面46：ZK69—ZK70	龄期	>30 d

速度分布云图	声波CT检测结果

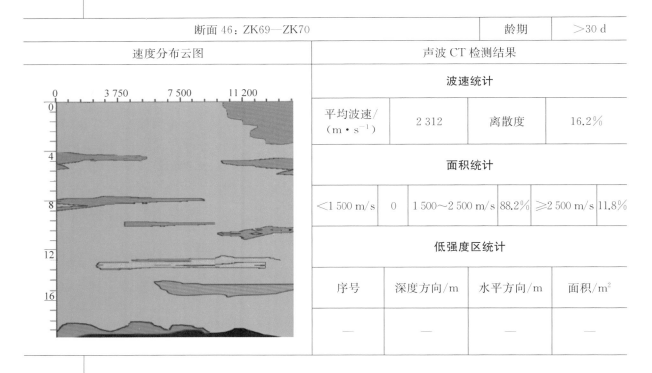

波速统计		
平均波速/（m·s⁻¹）	2 312	离散度	16.2%

面积统计

<1 500 m/s	0	1 500～2 500 m/s	88.2%	≥2 500 m/s	11.8%

低强度区统计

序号	深度方向/m	水平方向/m	面积/m²
—	—	—	—

结论	平均波速2 312 m/s,评价波速较高;波速离散度为16.2%,离散程度中等;有88.2%的区域波速集中于1 500～2 500 m/s之间,无小于1 500 m/s的低波速区。评分赋值：48。

（续表）

断面 47：ZK70—ZK71	龄期	>30 d

速度分布云图	声波 CT 检测结果

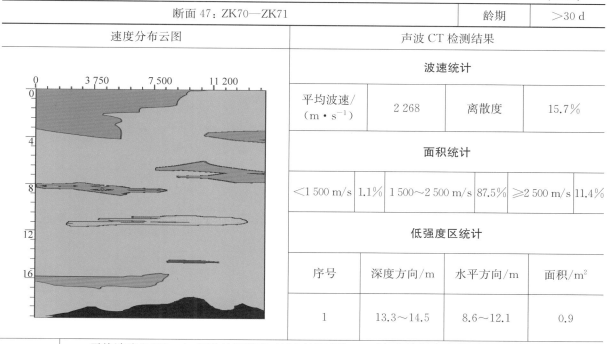

波速统计

平均波速/（m·s⁻¹）	2 268	离散度	15.7%

面积统计

<1 500 m/s	1.1%	1 500～2 500 m/s	87.5%	≥2 500 m/s	11.4%

低强度区统计

序号	深度方向/m	水平方向/m	面积/m²
1	13.3～14.5	8.6～12.1	0.9

结论	平均波速 2 268 m/s，评价波速较高；波速离散度为 15.7%，离散程度中等；有 87.5% 的区域波速集中于 1 500～2 500 m/s 之间，小于 1 500 m/s 的低波速区有一块，面积为 0.9 m²，所占面积 1.1%，缺陷区域较小。评分赋值：44。 　　综合分析认为，CT 层析图上，表现为深蓝色的区域，为帷幕桩体的薄弱层，存在离析等缺陷问题，有渗漏的风险。

断面 48：ZK71—ZK72	龄期	>30 d

速度分布云图	声波 CT 检测结果

波速统计

平均波速/（m·s⁻¹）	2 279	离散度	14.4%

面积统计

<1 500 m/s	1.7%	1 500～2 500 m/s	82.4%	≥2 500 m/s	15.9%

低强度区统计

序号	深度方向/m	水平方向/m	面积/m²
1	15.3～16.5	6.4～9.7	2.3

结论	平均波速 2 279 m/s，评价波速较高；波速离散度为 14.4%，离散程度较小；有 82.4% 的区域波速集中于 1 500～2 500 m/s 之间，小于 1 500 m/s 的低波速区有一块，面积为 2.3 m²，所占面积 1.7%，缺陷区域较小。评分赋值：48。 　　综合分析认为，CT 层析图上，表现为深蓝色的区域，为帷幕桩体的薄弱层，存在离析等缺陷问题，有渗漏的风险。

（续表）

断面 49：ZK72—ZK73	龄期	>30 d

速度分布云图	声波 CT 检测结果

波速统计

平均波速/(m·s⁻¹)	2 185	离散度	13.9%

面积统计

<1 500 m/s	3.7%	1 500～2 500 m/s	86.6%	≥2 500 m/s	15.9%

低强度区统计

序号	深度方向/m	水平方向/m	面积/m²
1	15.7～16.9	0～6.9	4.7

结论	平均波速 2 185 m/s，评价波速中等；波速离散度为 13.9%，离散程度较小；有 86.6% 的区域波速集中于 1 500～2 500 m/s 之间，小于 1 500 m/s 的低波速区有一块，面积为 4.7 m²，所占面积 3.7%，缺陷区域较大。评分赋值：36。 综合分析认为，CT 层析图上，表现为深蓝色的区域，为帷幕桩体的薄弱层，存在离析等缺陷问题，有渗漏的风险。

断面 50：ZK73—ZK74	龄期	>30 d

速度分布云图	声波 CT 检测结果

波速统计

平均波速/(m·s⁻¹)	2 210	离散度	13.7%

面积统计

<1 500 m/s	3.5%	1 500～2 500 m/s	89.5%	≥2 500 m/s	7.0%

低强度区统计

序号	深度方向/m	水平方向/m	面积/m²
1	14.5～15.1	9.7～15.0	2.9

结论	平均波速 2 210 m/s，评价波速较高；波速离散度为 13.7%，离散程度较小；有 89.5% 的区域波速集中于 1 500～2 500 m/s 之间，小于 1 500 m/s 的低波速区有一块，面积为 2.9 m²，所占面积 3.5%，缺陷区域较大。评分赋值：40。 综合分析认为，CT 层析图上，表现为深蓝色的区域，为帷幕桩体的薄弱层，存在离析等缺陷问题，有渗漏的风险。

(续表)

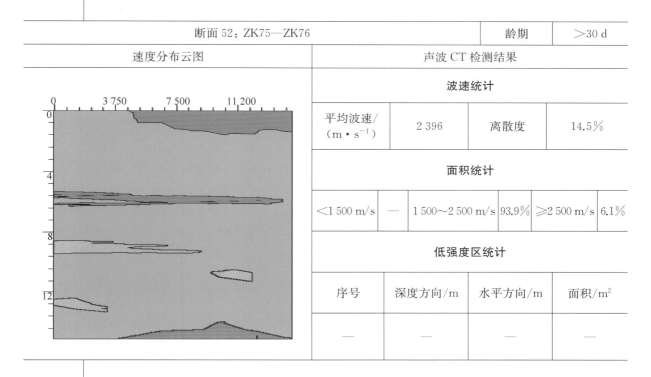

断面 51：ZK74—ZK75			龄期	>30 d

速度分布云图	声波 CT 检测结果			
	波速统计			
	平均波速/(m·s⁻¹)	2 384	离散度	12.4%
	面积统计			
	<1 500 m/s	—	1 500～2 500 m/s 92.1%	≥2 500 m/s 7.9%
	低强度区统计			
	序号	深度方向/m	水平方向/m	面积/m²
	—	—	—	—

结论	平均波速 2 384 m/s，评价波速较高；波速离散度为 12.4%，离散程度较小；有 92.1% 的区域波速集中于 1 500～2 500 m/s 之间，无小于 1 500 m/s 的低波速区。评分赋值：52。

断面 52：ZK75—ZK76			龄期	>30 d

速度分布云图	声波 CT 检测结果			
	波速统计			
	平均波速/(m·s⁻¹)	2 396	离散度	14.5%
	面积统计			
	<1 500 m/s	—	1 500～2 500 m/s 93.9%	≥2 500 m/s 6.1%
	低强度区统计			
	序号	深度方向/m	水平方向/m	面积/m²
	—	—	—	—

结论	平均波速 2 396 m/s，评价波速较高；波速离散度为 14.5%，离散程度较小；有 93.9% 的区域波速集中于 1 500～2 500 m/s 之间，无小于 1 500 m/s 的低波速区。评分赋值：52。

(续表)

断面 53：ZK76—ZK77			龄期	>30 d

速度分布云图	声波 CT 检测结果

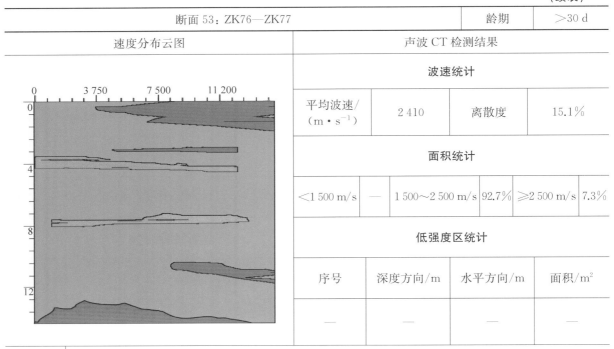

波速统计

平均波速/(m·s⁻¹)	2 410	离散度	15.1%

面积统计

<1 500 m/s	—	1 500~2 500 m/s	92.7%	≥2 500 m/s	7.3%

低强度区统计

序号	深度方向/m	水平方向/m	面积/m²
—	—	—	—

结论	平均波速 2 410 m/s，评价波速较高；波速离散度为 15.1%，离散程度中等；有 92.7% 的区域波速集中于 1 500~2 500 m/s 之间，无小于 1 500 m/s 的低波速区。评分赋值：48。

断面 54：ZK77—ZK78			龄期	>30 d

速度分布云图	声波 CT 检测结果

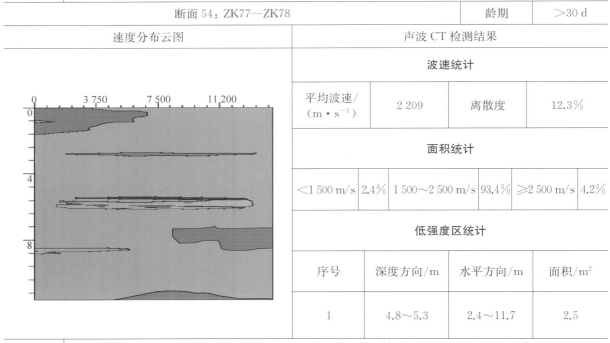

波速统计

平均波速/(m·s⁻¹)	2 209	离散度	12.3%

面积统计

<1 500 m/s	2.4%	1 500~2 500 m/s	93.4%	≥2 500 m/s	4.2%

低强度区统计

序号	深度方向/m	水平方向/m	面积/m²
1	4.8~5.3	2.4~11.7	2.5

结论	平均波速 2 009 m/s，评价波速较高；波速离散度为 12.3%，离散程度较小；有 93.4% 的区域波速集中于 1 500~2 500 m/s 之间，小于 1 500 m/s 的低波速区有一块，面积为 2.5 m²，所占面积 2.4%，缺陷区域中等。评分赋值：44。 综合分析认为，CT 层析图上，表现为深蓝色的区域，为帷幕桩体的薄弱层，存在离析等缺陷问题，有渗漏的风险。

（续表）

断面 55：ZK100—ZK1			龄期	>30 d

速度分布云图	声波 CT 检测结果		

<table>
<tr><td rowspan="9"></td><td colspan="3">波速统计</td></tr>
<tr><td>平均波速/
(m·s⁻¹)</td><td>2 185</td><td colspan="2">离散度</td></tr>
</table>

声波 CT 检测结果

波速统计

平均波速/$(m·s^{-1})$	2 185	离散度	26.8%

面积统计

<1 500 m/s	0.8%	1 500~2 500 m/s	82.0%	≥2 500 m/s	17.2%

低强度区统计

序号	深度方向/m	水平方向/m	面积/m²
1	8.6~9.1	0~3.5	1.9

结论	平均波速为 2 185 m/s，评价波速中等；波速离散度为 26.8%，离散程度高；有 82.0% 的区域波速集中于 1 500~2 500 m/s 之间，小于 1 500 m/s 的低波速区有一块，面积为 1.9 m²，所占面积 0.8%，缺陷区域小。评分赋值：36。 综合分析认为，CT 层析图上，表现为深蓝色的区域，为帷幕桩体的薄弱层，存在离析等缺陷问题，有渗漏的风险。

断面 56：ZK90—ZK91			龄期	>30 d

速度分布云图	声波 CT 检测结果

声波 CT 检测结果

波速统计

平均波速/$(m·s^{-1})$	2 278	离散度	17.2%

面积统计

<1 500 m/s	—	1 500~2 500 m/s	89.5%	≥2 500 m/s	10.5%

低强度区统计

序号	深度方向/m	水平方向/m	面积/m²
—	—	—	—

结论	平均波速为 2 278 m/s，评价波速较高；波速离散度为 17.2%，离散程度中等；有 89.5% 的区域波速集中于 1 500~2 500 m/s 之间，无小于 1 500 m/s 的低波速区域。评分赋值：48。

（续表）

断面 57：ZK91—ZK92	龄期	>30 d

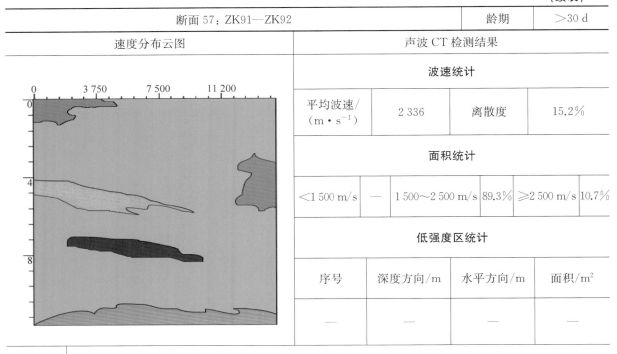

速度分布云图	声波 CT 检测结果		
	波速统计		
	平均波速/ （m·s⁻¹）	2 336	离散度	15.2%
	面积统计		
	<1 500 m/s	—	1 500～2 500 m/s 89.3%	≥2 500 m/s 10.7%
	低强度区统计		
	序号	深度方向/m	水平方向/m	面积/m²

结论	平均波速为 2 336 m/s，评价波速较高；波速离散度为 15.2%，离散程度中等；有 89.3% 的区域波速集中于 1 500～2 500 m/s 之间，无小于 1 500 m/s 的低波速区域。评分赋值：48。

断面 58：ZK92—ZK93	龄期	>30 d

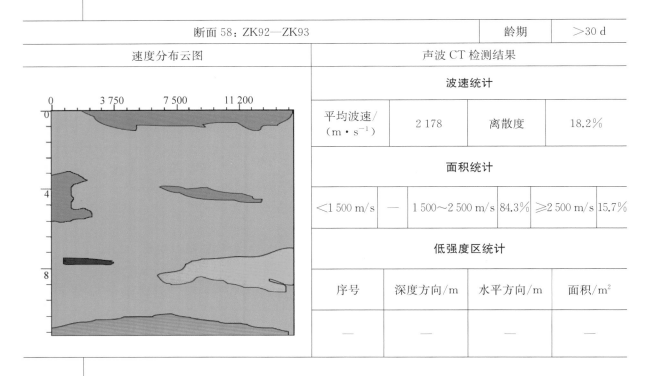

速度分布云图	声波 CT 检测结果		
	波速统计		
	平均波速/ （m·s⁻¹）	2 178	离散度	18.2%
	面积统计		
	<1 500 m/s	—	1 500～2 500 m/s 84.3%	≥2 500 m/s 15.7%
	低强度区统计		
	序号	深度方向/m	水平方向/m	面积/m²
	—	—	—	—

结论	平均波速为 2 178 m/s，评价波速中等；波速离散度为 18.2%，离散程度中等；有 84.3% 的区域波速集中于 1 500～2 500 m/s 之间，无小于 1 500 m/s 的低波速区域。评分赋值：44。

（续表）

断面 59：ZK93—ZK94		龄期	>30 d

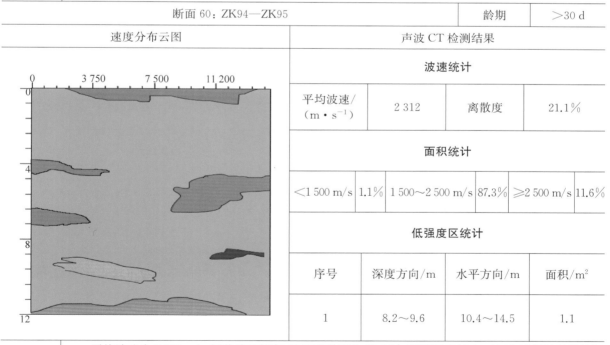

速度分布云图	声波 CT 检测结果		
	波速统计		
	平均波速/ (m·s⁻¹)	2 346	离散度	28.2%

面积统计					
<1 500 m/s	—	1 500~2 500 m/s	82.5%	≥2 500 m/s	17.5%

低强度区统计			
序号	深度方向/m	水平方向/m	面积/m²
—			

结论	平均波速为 2 346 m/s，评价波速较高；波速离散度为 28.2%，离散程度大；有 82.5% 的区域波速集中于 1 500~2 500 m/s 之间，无小于 1 500 m/s 的低波速区域。评分赋值：40。

断面 60：ZK94—ZK95		龄期	>30 d

速度分布云图	声波 CT 检测结果		
	波速统计		
	平均波速/ (m·s⁻¹)	2 312	离散度	21.1%

面积统计					
<1 500 m/s	1.1%	1 500~2 500 m/s	87.3%	≥2 500 m/s	11.6%

低强度区统计			
序号	深度方向/m	水平方向/m	面积/m²
1	8.2~9.6	10.4~14.5	1.1

结论	平均波速为 2 312 m/s，评价波速较高；波速离散度为 21.1%，离散程度较大；有 87.3% 的区域波速集中于 1 500~2 500 m/s 之间，小于 1 500 m/s 的低波速区有一块，面积为 1.1 m²，所占面积 1.1%，缺陷区域较小。评分赋值：40。\n综合分析认为，CT 层析图上，表现为深蓝色的区域，为帷幕桩体的薄弱层，存在离析等缺陷问题，有渗漏的风险。

（续表）

| 断面 61：ZK95—ZK96 | | 龄期 | >30 d |

速度分布云图	声波 CT 检测结果

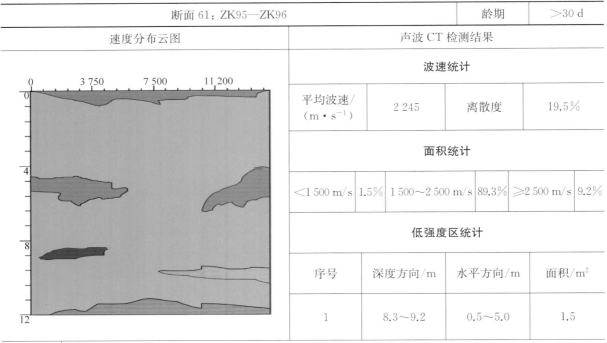

声波 CT 检测结果

波速统计

平均波速/（m·s⁻¹）	2 245	离散度	19.5%

面积统计

<1 500 m/s	1.5%	1 500～2 500 m/s	89.3%	≥2 500 m/s	9.2%

低强度区统计

序号	深度方向/m	水平方向/m	面积/m²
1	8.3～9.2	0.5～5.0	1.5

结论	平均波速为 2 245 m/s，评价波速较高；波速离散度为 19.5%，离散程度中等；有 89.3% 的区域波速集中于 1 500～2 500 m/s 之间，小于 1 500 m/s 的低波速区有一块，面积为 1.5 m²，所占面积 1.5%，缺陷区域较小。评分赋值：44。 　　综合分析认为，CT 层析图上，表现为深蓝色的区域，为帷幕桩体的薄弱层，存在离析等缺陷问题，有渗漏的风险。

| 断面 62：ZK96—ZK97 | | 龄期 | >30 d |

速度分布云图	声波 CT 检测结果

声波 CT 检测结果

波速统计

平均波速/（m·s⁻¹）	2 279	离散度	18.1%

面积统计

<1 500 m/s	0.9%	1 500～2 500 m/s	86.3%	≥2 500 m/s	12.8%

低强度区统计

序号	深度方向/m	水平方向/m	面积/m²
1	8.1～8.8	0.8～2.9	0.9

结论	平均波速为 2 279 m/s，评价波速较高；波速离散度为 18.1%，离散程度中等；有 86.3% 的区域波速集中于 1 500～2 500 m/s 之间，小于 1 500 m/s 的低波速区有一块，面积为 0.9 m²，所占面积 0.9%，缺陷区域小。评分赋值：48。 　　综合分析认为，CT 层析图上，表现为深蓝色的区域，为帷幕桩体的薄弱层，存在离析等缺陷问题，有渗漏的风险。

(续表)

断面 63：ZK97—ZK98		龄期	>30 d

速度分布云图	声波 CT 检测结果

波速统计

平均波速/ （m·s⁻¹）	2 383	离散度	25.1%

面积统计

<1 500 m/s	0.8%	1 500~2 500 m/s	85.1%	≥2 500 m/s	14.1%

低强度区统计

序号	深度方向/m	水平方向/m	面积/m²
1	10.4~11.8	9.2~13.4	0.8

结论

　　平均波速为 2 383 m/s，评价波速较高；波速离散度为 25.1%，离散程度大；有 85.1% 的区域波速集中于 1 500~2 500 m/s 之间，小于 1 500 m/s 的低波速区有一块，面积为 0.8 m²，所占面积 0.8%，缺陷区域小。评分赋值：40。

　　综合分析认为，CT 层析图上，表现为深蓝色的区域，为帷幕桩体的薄弱层，存在离析等缺陷问题，有渗漏的风险。

断面 64：ZK98—ZK99		龄期	>30 d

速度分布云图	声波 CT 检测结果

波速统计

平均波速/ （m·s⁻¹）	2 212	离散度	25.8%

面积统计

<1 500 m/s	1.0%	1 500~2 500 m/s	87.3%	≥2 500 m/s	11.7%

低强度区统计

序号	深度方向/m	水平方向/m	面积/m²
1	6.4~7.2	8.3~12.5	1.0

结论

　　平均波速为 2 212 m/s，评价波速较高；波速离散度为 25.8%，离散程度大；有 87.3% 的区域波速集中于 1 500~2 500 m/s 之间，小于 1 500 m/s 的低波速区有一块，面积为 1.0 m²，所占面积 1.0%，缺陷区域小。评分赋值：40。

　　综合分析认为，CT 层析图上，表现为深蓝色的区域，为帷幕桩体的薄弱层，存在离析等缺陷问题，有渗漏的风险。

（续表）

断面 65：ZK99—ZK100			龄期	>30 d

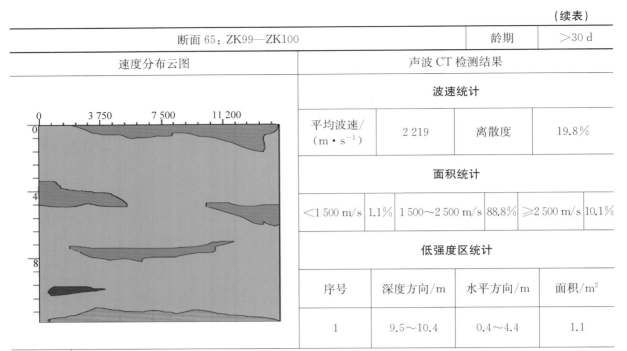

速度分布云图	声波 CT 检测结果			
	波速统计			
	平均波速/（m·s⁻¹）	2 219	离散度	19.8%
	面积统计			
	<1 500 m/s 1.1%	1 500~2 500 m/s 88.8%	≥2 500 m/s 10.1%	

低强度区统计

序号	深度方向/m	水平方向/m	面积/m²
1	9.5~10.4	0.4~4.4	1.1

结论	平均波速为 2 219 m/s，评价波速较高；波速离散度为 19.8%，离散程度中等；有 88.8% 的区域波速集中于 1 500~2 500 m/s 之间，小于 1 500 m/s 的低波速区有一块，面积为 1.1 m²，所占面积 1.1%，缺陷区域较小。评分赋值：44。 　综合分析认为，CT 层析图上，表现为深蓝色的区域，为帷幕桩体的薄弱层，存在离析等缺陷问题，有渗漏的风险。

5.2.5.2　分析

　　经检测，65 个断面有 50 个断面出现低波速区（波速小于 1 500 m/s），占比 76.9%。现将 50 个出现波速低于 1 500 m/s 的低波速区断面位置、面积汇总于表 5-18，以便进一步对可能渗漏部位进行综合分析。

表 5-18　声波 CT 中低波速区断面位置汇总

序号	断面位置	波速<1 500 m/s 面积百分比/%	波速 1 500~2 500 m/s 面积百分比/%	桩身波速平均值/（m·s⁻¹）	桩身波速离散度/%
1	ZK1—ZK2	1.3	82.3	2 143	29.20
2	ZK2—ZK3	4.9	83.4	2 189	22.50
3	ZK3—ZK4	3.5	85.7	2 237	17.50
4	ZK4—ZK5	2.1	87.4	2 347	11.30
5	ZK5—ZK6	2.4	86.5	2 103	12.40
6	ZK6—ZK7	4.2	73.6	2 337	19.50
7	ZK7—ZK8	1.9	79.8	2 410	18.60
8	ZK8—ZK9	2.3	81.7	2 243	14.90
9	ZK9—ZK10	2.1	82.2	2 371	15.50
10	ZK10—ZK11	2.7	79.5	2 298	13.70
11	ZK11—ZK12	3.5	75.3	2 346	21.70

（续表）

序号	断面位置	波速<1 500 m/s 面积百分比/%	波速1 500～2 500 m/s 面积百分比/%	桩身波速平均值/(m·s⁻¹)	桩身波速离散度/%
12	ZK12—ZK13	4.6	74.2	2 243	19.80
13	ZK13—ZK14	0.9	84.5	2 347	14.60
14	ZK14—ZK15	1.3	81.7	2 245	13.70
15	ZK15—ZK16	1.6	83.8	2 347	14.60
16	ZK16—ZK17	2.9	82.7	2 417	15.80
17	ZK17—ZK18	2.5	83.2	2 417	14.50
18	ZK18—ZK19	2.5	83.2	2 275	14.70
19	ZK19—ZK20	2.7	81.6	2 264	16.20
20	ZK20—ZK21	5.6	76.6	2 286	18.40
21	ZK21—ZK22	3.3	82.5	2 324	17.50
22	ZK22—ZK23	2.8	87.6	2 324	16.40
23	ZK23—ZK24	3.0	85.6	2 278	15.90
24	ZK24—ZK25	2.4	83.2	2 137	17.50
25	ZK25—ZK26	2.6	84.7	2 271	16.20
26	ZK26—ZK27	3.4	86.5	2 317	17.40
27	ZK27—ZK28	4.2	71.3	2 234	18.30
28	ZK28—ZK29	1.9	76.5	2 139	16.70
29	ZK29—ZK30	2.3	81.7	2 346	15.20
30	ZK30—ZK31	6.4	78.7	2 376	17.40
31	ZK31—ZK32	3.2	84.5	2 278	15.70
32	ZK32—ZK33	3.7	81.6	2 309	18.60
33	ZK33—ZK34	0.9	82.5	2 375	14.50
34	ZK34—ZK35	2.9	86.7	2 314	14.20
35	ZK35—ZK36	3.8	82.6	2 278	15.80
36	ZK36—ZK37	3.6	87.2	2 197	13.10
37	ZK37—ZK38	3.3	86.7	2 201	12.30
38	ZK66—ZK67	1.6	86.5	2 388	18.60
39	ZK70—ZK71	1.1	87.5	2 268	15.70
40	ZK71—ZK72	1.7	82.4	2 279	14.40
41	ZK72—ZK73	3.7	86.6	2 185	13.90

（续表）

序号	断面位置	波速<1 500 m/s 面积百分比/%	波速 1 500～2 500 m/s 面积百分比/%	桩身波速平均值/(m·s⁻¹)	桩身波速离散度/%
42	ZK73—ZK74	3.5	89.5	2 210	13.70
43	ZK77—ZK78	2.4	93.4	2 209	12.30
44	ZK94—ZK95	1.1	87.3	2 312	21.1
45	ZK95—ZK96	1.5	89.3	2 245	19.5
46	ZK96—ZK97	0.9	86.3	2 279	18.1
47	ZK97—ZK98	0.8	85.1	2 383	25.1
48	ZK98—ZK99	1.0	87.3	2 212	25.8
49	ZK99—ZK100	1.1	88.8	2 219	19.8
50	ZK100—ZK1	0.8	82.0	2 185	26.80

检测结果显示：

（1）各断面桩身波速平均值在 2 009～2 417 m/s 之间，说明水泥土搅拌桩桩身密实度较好，波速等级多为中等、较高。各剖面桩身波速平均值在 2 000～2 200 m/s 之间的断面数 10 个，占比 15.4%；剖面桩身波速平均值在 2 200～2 500 m/s 之间的断面数 55 个，占比 84.6%，说明水泥土搅拌桩桩身密实度较高。测试表明，本次施工质量较好。

（2）桩身波速离散度在 9.9%～29.2% 之间。离散程度从小到大的分布规律如下：离散程度小于 10% 的断面有 1 个，占比 1.5%；离散程度在 10%～15% 的断面有 25 个，占比 38.5%；离散程度在 15%～20% 的断面有 33 个，占比 50.8%；离散程度在 20%～25% 的断面有 3 个，占比 4.6%；离散程度在 25%～30% 的断面有 3 个，占比 3.6%。整体来讲，桩身波速离散程度相对较小，离散程度以较小到中等为主，占比 89.3%。说明本工程成桩质量较为均匀，与波速测试结果相验证。

（3）所检测的 65 个断面中：

① 不存在波速小于 1 500 m/s 的低波速缺陷区断面有 15 个，占比 23.1%；

② 波速小于 1 500 m/s 的低波速缺陷区面积为小于 1% 的断面有 6 个，占比 9.2%；

③ 波速小于 1 500 m/s 的低波速缺陷区面积为 1%～2% 的断面有 11 个，占比 16.9%；

④ 波速小于 1 500 m/s 的低波速缺陷区面积为 2%～3% 的断面有 16 个，占比 24.6%；

⑤ 波速小于 1 500 m/s 的低波速缺陷区面积为 3%～5% 的断面有 15 个，占比 23.1%；

⑥ 波速小于 1 500 m/s 的低波速缺陷区面积大于 5% 的断面有 2 个，占比 3.1%。

缺陷区分布面积占比以较小、中等和较大为主，断面缺陷区分布相对均匀。

（4）经综合对比研究发现，综合评分小于 36 分的有 5 个断面，占比 7.6%；36～42 分的断面 28 个，占比 43.1%；42～48 分的断面 13 个，占比 20%；48～54 分的断面 17 个，占比 26.2%；大于或等于 54 分的断面 2 个，占比 3.1%。说明本次施工质量较好，不合格断面数占比只有 7.6%。

（5）不合格的断面为：ZK1—ZK2，ZK2—ZK3，ZK11—ZK12，ZK20—ZK21，ZK30—ZK31。需要结合其他测试资料进行综合分析判别其渗透性。

5.2.5.3 小结

经对 65 个断面跨孔声波 CT 成像检测，得到如下结论：

（1）各断面桩身波速平均值在 2 009～2 417 m/s 之间，水泥土搅拌桩桩身密实度较高，波速等级以较高和中等为主。

（2）桩身波速离散度在 9.9%～29.2%之间。整体来讲，桩身波速离散程度相对较小，离散程度以较小到中等为主，占比 89.3%。说明本工程成桩质量较为均匀，与波速测试结果相验证。

（3）在所检测的 65 个断面中，共有 15 个断面不存在波速低于 1 500 m/s 的低波速区；其他 50 个断面均存在波速低于 1 500 m/s 的缺陷区，缺陷区分布面积占比以较小、中等和较大为主，断面缺陷区分布相对均匀。

（4）经综合对比研究发现，综合评分小于 36 分的有 5 个断面，占比 7.7%；大于或等于 36 分的断面有 60 个，占比 92.3%。说明本次施工质量较好。

（5）不合格的断面为：ZK1—ZK2，ZK2—ZK3，ZK11—ZK12，ZK20—ZK21，ZK30—ZK31。需要结合其他测试资料进行综合分析判别其渗透性。

5.2.6　钻孔全景成像

钻孔全景成像原来是用于判断深部地层产状和断层、裂隙发育情况的，此次用于防渗止水体系成桩质量检测，主要是通过全景成像分析搅拌桩和高压旋喷桩桩体的密实程度和均匀性，检测有无裂隙、空洞存在等。

5.2.6.1　资料处理

钻孔全景成像检测的资料处理与分析过程如下。

1. 数据处理

（1）将数据进行回放，然后进行图像编辑，作全孔壁展开图和钻孔电子岩性图。

（2）量测孔内桩体松散部位、空洞大小及位置。

（3）打印钻孔孔壁全景图和分析解释图。

（4）进行钻孔孔壁柱状图成图。

2. 资料分析

（1）结合地质情况及其他检测成果，正确解释相应图像，分析钻孔中裂隙发育程度、空洞大小、位置及其空间分布。

（2）根据钻孔全景图像，结合地层地质资料（地层分布及其界限），对搅拌桩加旋喷桩的桩体密实度、均匀性和空洞分布情况进行初步分类、分段和评价。

5.2.6.2　检测结果

本次主要针对土石围堰和部分陆域展开全景成像检测，现场共完成土石围堰和部分陆域部位 67 孔的全景成像检测，因检测图像占用篇幅较大，这里不再一一列示。结合波速、岩芯室内波速试验成果，这里分门别类地进行检验验证。

1. 未入岩两孔

ZK19 和 ZK33 两孔因孔位处土层较厚，搅拌桩桩端未与基岩相搭接，从单孔波速曲线来看，波速稳定，两孔桩端搅拌桩均匀、密实、无缺陷，说明成桩质量良好，不会成为渗漏点。未入岩测试孔的典型钻孔全景成像见表 5-19。

2. 完整测试孔

经检测，孔壁完整无裂隙、整个图像较为均匀、平滑的试验孔 45 个，占比 67.1%。桩体完整测试孔的典型钻孔全景成像见表 5-20。

3. 存在轻微缺陷测试孔

经检测，局部存在裂隙或孔壁胶结状态差的试验孔 17 个，占比 25.4%。桩体存在轻微缺陷测试孔的典型钻孔全景成像见表 5-21。

表 5-19　未入岩测试孔桩端钻孔成像检测图像

测孔编号		ZK19		测试地点		三亚		测试时间		2018.2
测孔直径/mm		110		测试深度/m		27.2		始测深度		0
位置	深度/m	展开图（比例尺）	备注	位置	深度/m	展开图（比例尺）	备注			

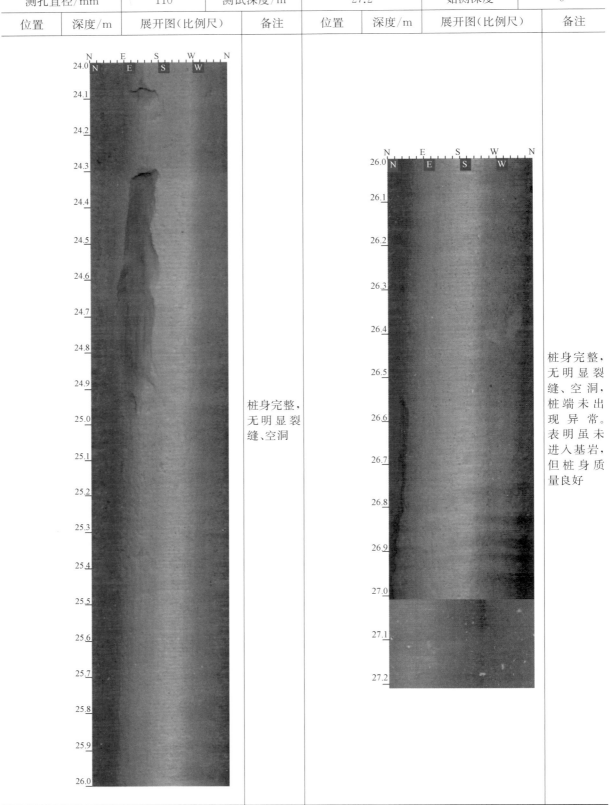

桩身完整，无明显裂缝、空洞

桩身完整，无明显裂缝、空洞，桩端未出现异常。表明虽未进入基岩，但桩身质量良好

表 5-20 桩体完整测试孔钻孔成像检测图像

测孔编号	ZK34	测试地点		三亚	测试时间	2018.2
测孔直径/mm	110	测试深度/m		27.0	始测深度	0
位置	深度/m	展开图（比例尺）	备注	位置	深度/m	展开图（比例尺）	备注

桩身完整，无明显裂缝、空洞

桩身完整，无明显裂缝、空洞

表 5-21　桩体存在轻微缺陷测试孔钻孔成像检测图像

测孔编号	ZK5	测试地点		三亚	测试时间	2018.2
测孔直径/mm	110	测试深度/m		14.8	始测深度	0
位置	深度/m	展开图（比例尺）	备注	位置	深度/m	展开图（比例尺）	备注

桩身较为完整,存在轻微缺陷

桩身较为完整,存在轻微缺陷

表 5-22 桩体存在中等程度缺陷测试孔钻孔成像检测图像

测孔编号	ZK30	测试地点		三亚	测试时间		2018.2
测孔直径/mm	110	测试深度/m		30.65	始测深度		0
位置	深度/m	展开图(比例尺)	备注	位置	深度/m	展开图(比例尺)	备注

桩身基本完整,存在中等程度缺陷

桩身基本完整,存在中等程度缺陷

表 5-23　桩体存在较大程度缺陷测试孔钻孔成像检测图像

测孔编号	ZK36	测试地点		三亚	测试时间		2018.2
测孔直径/mm	110	测试深度/m		27.5	始测深度		0
位置	深度/m	展开图（比例尺）	备注	位置	深度/m	展开图（比例尺）	备注

有明显裂缝、空洞

有明显裂缝、空洞

4. 存在中等缺陷测试孔

经检测,孔壁存在空洞、裂隙的试验孔 4 个,占比 6%,桩体存在中等缺陷测试孔的典型钻孔全景成像见表 5-22。

5. 存在较大缺陷测试孔

经检测,发现孔壁存在较大裂隙、空洞的试验孔 1 个,占比 1.5%,其典型的钻孔全景成像见表 5-23。

6. 具体分类

根据测试孔图像资料,按桩身完整、存在轻微缺陷、存在中等程度缺陷、存在较大缺陷和存在大缺陷五级进行划分,除 45 个桩身完整测试孔孔号外,其他存在一定程度缺陷的测试孔孔号如表 5-24 所示。

表 5-24　钻孔全景成像测试孔缺陷分类

分类	测试孔号	性状描述
轻微缺陷 （17 孔）	ZK2,ZK3,ZK4,ZK5,ZK9,ZK17,ZK21,ZK22,ZK24, ZK29,ZK31,ZK33,ZK35,ZK42,ZK43,ZK68,ZK73	桩身较完整,无渗漏风险
中等缺陷 （4 孔）	ZK12,ZK14,ZK16,ZK30	桩身基本完整,存在较小渗漏风险
较大缺陷 （1 孔）	ZK36	桩身存在较大缺陷,有较大渗漏风险

5.2.6.3　小结

孔内全景成像结果表明:

（1）67 个检测孔桩身完整和存在轻微缺陷的孔数为 62 个,占比 92.5%,桩身密实、均匀,说明本次施工质量良好,防渗止水效果良好。

（2）存在中等缺陷测试孔有 4 个,桩身基本完整,局部有小空洞分布,存在较小渗漏风险;存在较大缺陷测试孔有 1 个,存在较大裂隙、空洞,有较大渗漏风险,应加以重视。

（3）通过钻孔全景成像检测,可以直观、清晰地看出桩身密实程度和均匀性,可抽样检测成桩质量。

5.2.7　压水试验

5.2.7.1　试验结果

根据施工组织设计,将陆域和土石围堰区域分为 Ⅰ（北侧陆域）、Ⅱ（南侧陆域）、Ⅲ（土石围堰）三个施工段,每段安排 3 孔压水试验,每孔 4 个试验段,现场共计进行 36 段压水试验。各试验段试验结果汇总于表 5-25—表 5-27。

表 5-25　Ⅰ区压水试验结果汇总

孔号 （桩号）	试验段 编号	试验段距 孔口深度 /m	地下水位 距孔口深 度/m	试验段 长度 L/m	试验段 总压力 P/MPa	试验段 流量 Q /(L·min^{-1})	$P-Q$ 曲线类型	岩体 渗透系数 K/(cm·s^{-1})
YS1 （G816）	YS1-1	0.8～4.8	2.82	4.00	0.97	1.47	A 型	$4.50×10^{-6}$
	YS1-2	4.8～8.8		4.00	0.96	5.26	B 型	$1.63×10^{-5}$
	YS1-3	8.8～12.8		4.00	0.97	10.45	A 型	$3.20×10^{-5}$
	YS1-4	12.8～16.2		3.40	0.99	0.29	A 型	$9.86×10^{-7}$

（续表）

孔号（桩号）	试验段编号	试验段距孔口深度/m	地下水位距孔口深度/m	试验段长度 L/m	试验段总压力 P/MPa	试验段流量 Q /(L·min⁻¹)	P-Q曲线类型	岩体渗透系数 K/(cm·s⁻¹)
YS2（G742）	YS2-1	1.2~6.2	2.91	5.00	0.98	1.5	A 型	$3.82×10^{-6}$
	YS2-2	6.2~10.2		4.00	0.97	3.36	A 型	$1.03×10^{-5}$
	YS2-3	10.2~14.2		4.00	0.97	6.23	A 型	$1.91×10^{-5}$
	YS2-4	14.2~18.2		4.00	0.98	0.45	A 型	$1.36×10^{-6}$
YS3（G700）	YS3-1	1.5~6.5	2.88	5.00	0.97	0.63	A 型	$1.62×10^{-6}$
	YS3-2	6.5~11.5		5.00	0.96	2.59	B 型	$6.73×10^{-6}$
	YS3-3	11.5~16.5		5.00	0.99	7.84	A 型	$1.98×10^{-5}$
	YS3-4	16.5~21.5		5.00	0.99	5.79	A 型	$1.46×10^{-6}$

表 5-26　Ⅱ区压水试验结果汇总

孔号（桩号）	试验段编号	试验段距孔口深度/m	地下水位距孔口深度/m	试验段长度 L/m	试验段总压力 P/MPa	试验段流量 Q /(L·min⁻¹)	P-Q曲线类型	岩体渗透系数 K/(cm·s⁻¹)
YS4（G640）	YS6-1	1.4~6.4	3.46	5.00	0.97	3.17	A 型	$8.15×10^{-6}$
	YS6-2	12.4~17.4		5.00	0.98	9.57	A 型	$2.44×10^{-5}$
	YS6-3	17.4~22.4		5.00	1.00	7.95	A 型	$1.98×10^{-5}$
	YS6-4	22.4~27.4		5.00	1.00	11.92	B 型	$2.97×10^{-5}$
YS5（G462）	YS4-1	1.2~6.2	3.16	5.00	0.99	1.79	A 型	$4.51×10^{-6}$
	YS4-2	12.2~17.2		5.00	0.97	17.85	B 型	$4.59×10^{-5}$
	YS4-3	18.2~23.2		5.00	0.96	9.76	A 型	$2.54×10^{-5}$
	YS4-4	23.2~28.2		5.00	0.97	13.71	B 型	$3.53×10^{-5}$
YS6（G412）	YS5-1	1.2~6.2	3.28	5.00	0.98	6.04	A 型	$1.54×10^{-5}$
	YS5-2	12.2~17.2		5.00	0.97	28.59	A 型	$7.35×10^{-5}$
	YS5-3	20.2~25.2		5.00	0.97	10.96	B 型	$2.82×10^{-5}$
	YS5-4	25.2~30.2		5.00	0.97	16.25	B 型	$4.18×10^{-5}$

表 5-27　Ⅲ区压水试验结果汇总

孔号（桩号）	试验段编号	试验段距孔口深度/m	地下水位距孔口深度/m	试验段长度 L/m	试验段总压力 P/MPa	试验段流量 Q /(L·min⁻¹)	P-Q曲线类型	岩体渗透系数 K/(cm·s⁻¹)
YS7（G100）	YS7-1	1.3~6.3	3.88	5.00	0.99	3.38	A 型	$8.52×10^{-6}$
	YS7-2	10.3~15.3		5.00	0.96	5.54	A 型	$1.44×10^{-5}$
	YS7-3	18.3~23.3		5.00	0.97	7.47	B 型	$1.95×10^{-5}$
	YS7-4	23.3~28.3		5.00	1.00	5.58	A 型	$1.39×10^{-5}$

孔号（桩号）	试验段编号	试验段距孔口深度/m	地下水位距孔口深度/m	试验段长度 L/m	试验段总压力 P/MPa	试验段流量 Q /(L·min⁻¹)	P-Q 曲线类型	岩体渗透系数 K/(cm·s⁻¹)
YS8（G2-192）	YS8-1	1.5～6.5	3.95	5.00	0.96	4.18	A 型	$1.09×10^{-5}$
	YS8-2	10.5～15.5		5.00	0.98	11.17	A 型	$2.84×10^{-5}$
	YS8-3	15.5～20.5		5.00	0.98	15.14	B 型	$3.85×10^{-5}$
	YS8-4	20.5～25.5		5.00	0.98	11.62	A 型	$2.96×10^{-5}$
YS9（G1585）	YS9-1	1.2～6.2	3.90	5.00	1.00	3.13	A 型	$7.81×10^{-6}$
	YS9-2	6.2～10.2		4.00	0.96	3.11	A 型	$9.62×10^{-6}$
	YS9-3	10.2～14.2		4.00	0.97	8.93	B 型	$2.74×10^{-5}$
	YS9-4	14.2～18.7		4.50	1.00	4.93	B 型	$1.34×10^{-5}$

5.2.7.2 分析

1. 数据处理

压水试验资料处理流程如下：

（1）绘制压力-流量曲线，确定曲线类型，并计算试验渗透系数。

（2）试验段透水率采用第三阶段压力值 P_3 和流量值 Q_3 计算：

$$q = \frac{Q_3}{LP_3} \tag{5-3}$$

式中　q——试验段的透水率(Lu)；

　　　L——试验段长度(m)；

　　　Q_3——第三阶段的计算流量(L/min)；

　　　P_3——第三阶段的试段压力(MPa)。

（3）计算岩体渗透系数：

$$K = \frac{Q}{2\pi HL}\ln\frac{L}{r_0} \tag{5-4}$$

式中　K——岩体渗透系数(m/d)；

　　　Q——压入流量(m³/d)；

　　　H——试验水头(m)；

　　　r_0——钻孔半径(m)。

2. 测试结果

由表 5-25 可知，Ⅰ区 3 孔各试验段岩体渗透系数范围值为 $9.86×10^{-7}$～$3.20×10^{-5}$ cm/s，其中各试验段基岩和三轴搅拌桩的渗透系数偏小，而高压旋喷桩及其与基岩、三轴搅拌桩接合部渗透系数较大，在 $2.0×10^{-5}$ cm/s 左右，YS1(ZK1—ZK2)深度在 8.8～12.8 m 的试验段岩体渗透系数较大，大于 $3.0×10^{-5}$ cm/s，位置出现在高压旋喷桩与基岩的接合部位。

由表 5-26 可知，Ⅱ区 3 孔各试验段岩体渗透系数范围值为 $4.51×10^{-6}$～$7.35×10^{-5}$ cm/s，其中，YS5(ZK15—ZK16)和 YS6(ZK17—ZK18)的部分试验段岩体渗透系数较大，大于 $3.0×10^{-5}$ cm/s，位置出现在 12～18 m 的三轴搅拌桩区域及桩底与基岩的接合部位；YS4(ZK8—ZK9)的渗透系数最大，为 $2.97×10^{-5}$ cm/s，位置出现在桩底与基岩的接合部位，存在防渗薄弱点。

由表 5-27 可知，Ⅲ区 3 孔各试验段岩体渗透系数范围值为 $7.81\times10^{-6}\sim3.85\times10^{-5}$ cm/s，其中 YS8(ZK35—ZK36)的部分试验段岩体渗透系数较大，大于 3.0×10^{-5} cm/s，位置出现在 $15\sim20$ m 的三轴搅拌桩与高压旋喷桩的接合部位；YS7 和 YS9 的岩体渗透系数在 $7.81\times10^{-6}\sim2.74\times10^{-5}$ cm/s，基本满足设计要求。

由以上检测结果可知：所检测的 9 孔(36 段)压水试验中，有 5 孔(7 段)的岩体渗透系数大于或等于 3.0×10^{-5} cm/s，是防渗薄弱点。现将岩体渗透系数大于或等于 3.0×10^{-5} cm/s 的试验段及部位汇总于表 5-28，以便综合评价渗漏部位。

表 5-28　存在防渗薄弱点的钻孔岩体渗透系数汇总

孔号	YS1	YS4	YS5		YS6		YS8
位置	ZK1—ZK2	ZK8—ZK9	ZK15—ZK16		ZK17—ZK18		ZK35—ZK36
渗透系数 /(10^{-5} cm·s^{-1})	3.20	2.97	4.59	3.53	7.35	4.18	3.85
深度范围/m	8.8～12.8	22.4～27.4	12.2～17.2	23.2～28.2	12.2～17.2	25.2～30.2	15.5～20.5
部位	基岩结合部	基岩结合部	搅拌桩区域	基岩结合部	搅拌桩区域	基岩结合部	基岩结合部

5.2.7.3　小结

通过对测试结果进行分析，得到如下结论：

(1) 由检测结果可知，各试验段桩体渗透系数范围为 $9.86\times10^{-7}\sim7.35\times10^{-5}$ cm/s。桩体具有良好的防渗性能，满足基坑防渗止水效果。

(2) 对岩体渗透系数大于或等于 3.0×10^{-5} cm/s 的部位进行汇总，并结合地层进行综合分析，这些部位是防渗相对薄弱点。

(3) 所检测的 9 孔(36 段)压水试验中，有 5 孔(7 段)的岩体渗透系数大于或等于 3.0×10^{-5} cm/s，位置出现的深度范围在 $12\sim18$ m 之间以及桩身下部土层与基岩接合部。根据场地地质勘察报告，$12\sim18$ m 深度范围内多为砂土与淤泥质土，土体力学性能较差，出现 2 段桩身防渗薄弱点，占比 28.6%；而桩身与基岩接合部属于桩身薄弱处，这些部位是防渗相对薄弱点，占比 71.4%，说明桩端与基岩接合部位是渗漏薄弱点。

5.2.8　室内抗渗试验

5.2.8.1　试验结果

根据所取试块的室内抗渗试验结果，测试孔按前述原理进行试验和划分抗渗等级，所得试验结果如表 5-29 所示。

表 5-29　测试孔的抗渗等级

抗渗等级	测试孔号	性状描述
P1(9 孔)	ZK2,ZK9,ZK18,ZK34,ZK35,ZK37,ZK40,ZK69,ZK73	存在防渗相对薄弱点
P2(25 孔)	ZK1,ZK3,ZK4,ZK6,ZK11,ZK13,ZK20,ZK22,ZK23,ZK24,ZK29, ZK33,ZK42,ZK43,ZK68,ZK72,ZK76,ZK78,ZK90,ZK91,ZK93, ZK94,ZK95,ZK97,ZK99	防渗效果良好
P3(33 孔)	ZK5,ZK7,ZK8,ZK10,ZK12,ZK14,ZK15,ZK16,ZK17,ZK19, ZK21,ZK25,ZK26,ZK27,ZK28,ZK30,ZK31,ZK32,ZK36,ZK38, ZK39,ZK41,ZK66,ZK67,ZK70,ZK71,ZK74,ZK75,ZK77,ZK92, ZK96,ZK98,ZK100	防渗效果好

5.2.8.2 分析

根据室内抗渗试验,抗渗等级大于 P1 的测试孔的防渗效果良好,共有 58 孔,占比 86.6%。抗渗等级为 P1 的测试孔的防渗效果相对较差,是防渗薄弱点,共有 9 孔,占比 13.4%。说明本次施工质量良好。

5.2.8.3 小结

根据室内抗渗试验,本次施工质量良好,86.6%的测试孔抗渗效果良好;13.4%的测试孔为防渗相对薄弱点。综合利用压水试验和抗渗试验结果,可评判止水帷幕的防渗性能。

5.3 波速与渗透系数的关系

5.3.1 不同波速间的关系

1. 岩芯波速与单孔波速间的关系

取岩芯室内波速测试数据与取芯位置对应的单孔波速测试数据进行回归分析,置信度选择 95%,如图 5-4 所示。分析结果如下:相关系数为 0.690;标准误差为 328.02。由图可知,岩芯波速测试成果与单孔波速测试值相关性较高。

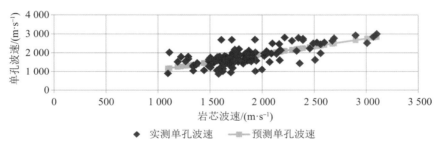

图 5-4 岩芯波速与单孔波速直线拟合图

2. 岩芯波速与跨孔声波 CT 成像检测结果间的关系

取岩芯波速数据与取芯位置对应位置的声波 CT 数据,进行回归分析,置信度选择 95%,如图 5-5 所示。分析结果如下:相关系数为 0.273;标准误差为 238.28。由图可知,岩芯波速测试成果与声波 CT 测试值相关性相对较低,但仍然在一定区域内。

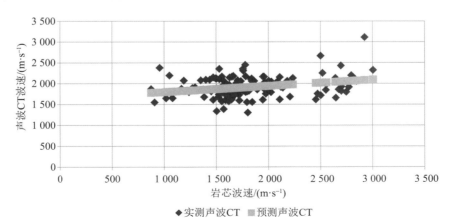

图 5-5 岩芯波速与声波 CT 波速直线拟合图

3. 单孔波速与跨孔波速 CT 成像检测结果间的关系

取单孔波速数据与对应位置的声波 CT 数据,进行回归分析,置信度选择 95%,如图 5-6 所示。分析结果如下:相关系数为 0.268;标准误差为 238.67。由图可知,单孔波速测试成果与声波 CT 测试值相关性较低,但点位仍然集中在一定区域内。

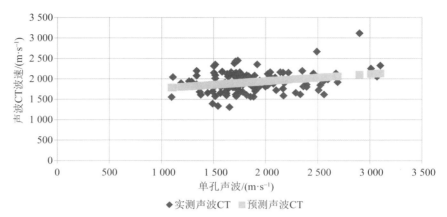

图 5-6　单孔波速与声波 CT 波速直线拟合图

4. 小结

岩芯波速与其对应位置单孔波速数据相关性较强,究其原因为岩芯波速是针对取芯试样所做的测试,单孔波速是针对单孔所做的波速测试,针对性较强,均为对单根止水桩的测试成果。同时,二者相关性较强,也说明本次岩芯波速测试和单孔波速测试的效果显著,可以有效反映成桩质量的优劣。

岩芯波速测试、单孔波速测试与声波 CT 测试结果的相关性相对较差,是因为前两者为针对单根止水桩的测试成果,声波 CT 测试为间距 30 m 的两个钻孔之间的所有止水桩的综合成果。声波 CT 测试可用来测试较大区域止水桩的整体质量情况。它们之间存在一定的相关性,点位也分布在相对集中的区域内,说明几种测试方法可以相互检验和验证。

5.3.2　止水效果与波速测试的关系

1. 岩芯抗渗试验与波速测试关系分析

根据室内岩芯抗渗性能测试数据,室内岩芯波速与抗渗性能的关系如表 5-30 所示,从表中可以看出,随着芯样波速提高,芯样密实度提高,抗渗性能增强,施工质量也越好。

表 5-30　岩芯波速与抗渗等级关系

波速范围/(m·s⁻¹)	>1 200	1 200~2 000	>2 000
抗渗等级	P1	P2	P3

通过对比分析室内岩芯抗渗试验和室内岩芯波速试验,可以进一步验证通过跨孔波速 CT 成像技术来检测防渗止水体系的施工质量,当抗渗等级低于 P2 时,可能存在渗漏风险。

岩芯测试中存在渗漏风险的部位如表 5-31 所示。

表 5-31　岩芯测试中存在渗漏风险部位汇总

检测项目	渗漏风险类型	相同桩号	不同孔号
芯样波速	波速低于 1 500 m/s	ZK1,ZK9,ZK18,ZK26,ZK35,ZK37	ZK2,ZK5,ZK6,ZK8,ZK16,ZK20,K21,ZK28,ZK32,ZK33,ZK234,ZK36,ZK68,ZK70,ZK77

（续表）

检测项目	渗漏风险类型	相同桩号	不同孔号
抗渗性能	抗渗等级低于 P2	ZK1，ZK9，ZK18，ZK34，ZK35	ZK37,ZK40,ZK65,ZK73

单孔波速测试结果与岩芯波速测试结果相关性较高,其与岩芯抗渗试验的关系性质如同岩芯抗渗试验结果和岩芯波速测试结果之间的相互关系。

跨孔波速 CT 成像技术检测的是直线距离 30 m 范围内止水帷幕的整体质量指标,岩芯抗渗试验反映的是单桩桩体某点处的测试成果,二者无直接联系。

2. 压水试验与波速关系分析

根据压水试验数据,并结合跨孔声波 CT 成像检测结果,可以得到波速与岩体渗透性能的关系,见表 5-32。对比分析 YS1、YS5 和 ZK1—ZK2、ZY15—ZK16 的数据:波速为 1 000~1 500 m/s 时,对应渗透系数为 $4.59×10^{-5}$~$2.54×10^{-5}$ m/s;波速为 1 500~2 000 m/s 时,对应渗透系数为 $2.54×10^{-5}$~$1.63×10^{-5}$ m/s;波速为 2 000~2 500 m/s 时,对应渗透系数为 $1.63×10^{-5}$~$1.03×10^{-5}$ m/s;波速为 3 500~4 500 m/s 时,对应渗透系数为 $3.81×10^{-6}$~$1.36×10^{-6}$ m/s,且渗透系数较大时的数据偏差仅为 8.0% 左右,小于 10%,数据可靠性较高。因此,随着波速增大,渗透系数减小,桩身质量提高,说明通过跨孔波速 CT 成像测试结果分析可以评价岩体渗透性能,当波速小于 1 500 m/s 时,是防渗相对薄弱点。

表 5-32　波速与渗透系数关系

波速范围/(m·s⁻¹)	1 000	1 500	2 000	2 500	3 500	4 500
渗透系数/(×10⁻⁵ m·s⁻¹)	5.0	2.5	1.5	0.7	0.3	0.1

结合跨孔声波 CT 检测数据及单孔声波检测数据,桩身平均波速在 2 000 m/s 左右,渗透系数在 $1.5×10^{-5}$ cm/s 左右;但由表 5-28 可知,ZK1—ZK38、ZK66—ZK6、ZK70—ZK74、ZK77—ZK78、ZK94—ZK1 在 13~18 m 深度范围内及桩底与基岩接合部存在波速小于 1 500 m/s 低波速区,渗透系数存在大于或等于 $2.5×10^{-5}$ cm/s 的可能,是防渗相对薄弱点。

5.4　检测结果综合评价

5.4.1　概述

临海地区的入岩深基坑防渗止水施工质量一直是基础施工人员重点研究和关注的问题。相对于其他地区,突出的问题是基岩面上覆土体均匀性差,施工参数难以确定,有时还会碰到珊瑚礁灰岩,如不谨慎,会发生卡钻、抱钻等情况。防渗止水帷幕体如何进入基岩也是施工难题之一,施工工效低,设备投入大,工期长,造价高。如采用高压旋喷桩施工,设备小,工期短,最大优点是能满足基岩面起伏大的工程场地施工要求,但必须引孔,且引孔要到位,要进入基岩一定深度,通常不小于 1 m,这样才能保证高压旋喷桩施工质量和搭接效果。正因为施工选型难,工程经验少,所以,施工后的检测对于判断防渗止水帷幕是否能满足工程需要就至关重要。

在施工完成之后,应采用何种方式对防渗止水帷幕进行检测;在各种检测结果的基础上,例如岩芯波速测试、单孔声波测速、声波 CT 成像、全景成像、压水试验和室内抗渗试验等,如何综合分析各种检测结果,系统评判防渗止水帷幕的施工质量,也是工程重点关注的问题。

鉴于此,本节在分析已有研究成果的基础上,采用综合打分法,首先对不同检测方法进行单项评定打分,然后综合考虑防渗止水帷幕体施工质量,进行总体评定。

5.4.2 评价方法

为综合、全面评价防渗止水帷幕施工质量,评定考虑的检测方法如下:

(1)点状检测:室内岩芯波速测试、室内抗渗试验。

(2)线状检测:室外单孔波速测试、钻孔全景成像和压水试验(与室内抗渗试验一并考虑)。

(3)面状检测:跨孔声波 CT 成像等。

这样,对围护体进行全周长、全断面封闭式检测,检测结果才能全面反映防渗止水帷幕体施工质量。

评价方法采用简单百分制。首先,选择上述五种方法(室内岩芯波速测试、室内抗渗试验结合压水试验、单孔波速测试、钻孔全景成像、跨孔声波 CT 成像)的检测成果作为评价因素,对岩芯波速测试、室内抗渗试验、单孔波速测试和钻孔全景成像这四种检测成果各赋值 10 分,对声波 CT 成像成果赋值 60 分,五个因素具有相同权值;其次,对五个单项因素逐一按差、较差、合格、良、优等不同等级进行单项质量评定打分;最后,汇总五因素评定结果,采用百分法的质量等级划分对防渗止水帷幕体的施工效果进行总体评定。

5.4.3 分级标准确定

针对 5 项检测成果,对每项检测成果赋予相同的权重,再针对各单项检测成果按各自特点分差、较差、合格、良和优等不同等级进行单项检测成果赋值。具体分级标准如下。

1. 岩芯波速测试

本单项检测成果赋值 10 分。

根据现场测试数据,实测的波速在 692～4 046 m/s 之间,平均波速为 2 002 m/s,结合钻孔取芯室内波速测试成果,根据表 5-15 所列的桩身完整性划分标准和结果,对测试孔按桩体完整性进行分类,具体分类标准如表 5-33 所示。同一断面取测试孔低值。

表 5-33 测试孔桩体完整性评价依据

完整系数	等级	分值	表现特征
<0.15	差	2	桩体极破碎
0.15～0.35	较差	4	桩体破碎
0.35～0.55	合格	6	桩体较破碎
0.55～0.75	良	8	桩体较完整
>0.75	优	10	桩体完整

2. 室内抗渗试验(参考压水试验)

本单项检测成果赋值 10 分。

根据现场测试数据,各试验段岩体渗透系数范围为 $9.86 \times 10^{-7} \sim 7.35 \times 10^{-5}$ cm/s。所检测的 9 孔(36 段)压水试验中,有 5 孔(7 段)的岩体渗透系数大于或等于 3.0×10^{-5} cm/s,但对于临时止水帷幕来说,虽然存在渗漏风险,但相对可控。结合钻孔所取岩芯试块的抗渗试验结果,综合考虑表 5-28 和表 5-29 的测试结果,可对抗渗性能(渗透系数)和桩身防渗性能的关系进行如表 5-34 所示的划分,同一断面取测试孔低值。

表 5-34 抗渗试验结果评价依据

评价标准	等级	分值	表现特征
P1(且渗透系数＞3.00×10^{-4}cm/s)	差	2	渗透系数相对偏大
P1(且渗透系数为3.0×10^{-5}～3.00×10^{-4}cm/s)	较差	4	渗透系数相对较大
P1	合格	6	渗透系数中等
P2	良	8	渗透系数相对较小
P3	优	10	渗透系数相对偏小

3. 单孔波速测试

本单项检测成果赋值 10 分。

根据现场测试曲线,单孔波速测试结果按风险点数进行等级划分(表 5-35),同一断面取测试孔低值。

表 5-35 单孔波速测试结果评价依据

评价标准	等级	分值	表现特征
桩身完整性差	差	2	测试曲线存在 4 个风险点
桩身完整性较差	较差	4	测试曲线存在 3 个风险点
桩身完整性中等	合格	6	测试曲线存在 2 个风险点
桩身完整较好	良	8	测试曲线存在 1 个风险点
桩身完整性好	优	10	测试曲线不存在风险点

4. 钻孔全景成像

本单项检测成果赋值 10 分。

根据现场测试结果,钻孔全景成像按桩身缺陷程度(表 5-36)进行检测结果等级划分,同一断面取测试孔低值。

表 5-36 钻孔全景成像测试结果评价依据

评价标准	等级	分值
孔壁不均匀、有裂隙、豁口(存在大缺陷)	差	2
孔壁不均匀,略微有裂隙、豁口(存在较大缺陷)	较差	4
孔壁较均匀,基本无无裂隙、豁口(存在中等程度缺陷)	合格	6
孔壁较均匀,无裂隙、豁口(存在轻微程度缺陷)	良	8
孔壁均匀,无裂隙、豁口(桩身完整)	优	10

5. 跨孔波速 CT 成像

本项测试成果赋值 60 分。

在对跨孔波速 CT 成像测试结果进行分析时,已根据表 5-16 中的评判原则对每一测试断面按总分 60 分、分三个单项各 20 分进行综合评判赋值。本次综合评判时直接取每一断面的综合分值。

5.4.4 综合评价

防渗止水帷幕体施工质量的综合评价既要考虑五种单因素的评定结果,又要考虑各单项测试方法的局限性,如室内抗渗试验只是点状测试点,仅仅代表某钻孔取芯点处的施工质量,而单孔波速测试、钻孔全景成像、压水试验则是反映整个钻孔从上至下的施工质量,唯有跨孔波速CT成像测试技术能反映围护体整个断面的施工质量。所以,综合评判结果按如下原则进行评判:

(1) 若同一复合桩体(三轴搅拌桩加高压旋喷桩)存在两种及以上检测结果为差,总体结果直接判定为不合格;

(2) 复合桩体评价总分≤60分,施工质量判定为不合格;

(3) 复合桩体评价总分为60～75分,施工质量判定为合格;

(4) 复合桩体评价总分为75～85分,施工质量判定为良;

(5) 复合桩体评价总分为≥85分,施工质量判定为优。

针对本次检测工作涉及的各个断面进行综合评判,评判结果如表5-37所示。

表5-37 各断面防渗效果评判结果

序号	断面位置	跨孔CT成像	岩芯波速	单孔波速	抗渗试验(压水试验)	全景成像	总分	判定结果
1	ZK1—ZK2	32	6	4	4	8	54	不合格
2	ZK2—ZK3	28	6	4	4	8	50	不合格
3	ZK3—ZK4	36	6	8	6	8	64	合格
4	ZK4—ZK5	44	10	8	6	8	76	良
5	ZK5—ZK6	40	10	10	8	8	76	良
6	ZK6—ZK7	36	6	10	8	10	70	合格
7	ZK7—ZK8	44	6	10	10	10	80	良
8	ZK8—ZK9	44	6	10	4	8	72	合格
9	ZK9—ZK10	40	6	10	4	8	68	合格
10	ZK10—ZK11	44	8	4	8	10	74	合格
11	ZK11—ZK12	32	10	4	8	6	60	不合格
12	ZK12—ZK13	36	8	10	8	6	68	合格
13	ZK13—ZK14	52	8	10	8	6	84	良
14	ZK14—ZK15	48	8	10	10	6	82	良
15	ZK15—ZK16	48	8	8	10	6	80	良
16	ZK16—ZK17	40	8	8	10	6	72	合格
17	ZK17—ZK18	44	8	10	4	8	74	合格
18	ZK18—ZK19	44	8	8	4	10	74	合格
19	ZK19—ZK20	40	8	8	8	10	74	合格
20	ZK20—ZK21	32	8	10	8	8	66	合格
21	ZK21—ZK22	36	6	10	8	8	68	合格
22	ZK22—ZK23	40	6	10	8	8	72	合格
23	ZK23—ZK24	40	10	10	8	8	76	良
24	ZK24—ZK25	36	10	10	8	8	72	合格
25	ZK25—ZK26	40	10	8	10	10	78	良
26	ZK26—ZK27	36	10	8	10	10	74	合格

序号	断面位置	跨孔CT成像	岩芯波速	单孔波速	抗渗试验（压水试验）	全景成像	总分	判定结果
27	ZK27—ZK28	36	10	10	10	10	76	良
28	ZK28—ZK29	40	10	6	8	8	72	合格
29	ZK29—ZK30	40	8	6	8	6	68	合格
30	ZK30—ZK31	32	4	4	10	6	56	不合格
31	ZK31—ZK32	36	4	4	10	8	62	合格
32	ZK32—ZK33	36	8	4	8	8	64	合格
33	ZK33—ZK34	52	8	4	6	8	78	良
34	ZK34—ZK35	44	8	8	4	8	72	合格
35	ZK35—ZK36	36	6 *	8	4	4	58	不合格
36	ZK36—ZK37	36	6 *	4	6	4	56	不合格
37	ZK37—ZK38	36	10	4	6	10	66	合格
38	ZK38—ZK39	52	10	10	10	10	92	优
39	ZK39—ZK40	56	10	10	6	10	92	优
40	ZK40—ZK41	56	8	10	6	10	90	优
41	ZK41—ZK42	52	8	10	8	8	86	优
42	ZK42—ZK43	52	8	10	8	8	86	优
43	ZK66—ZK67	44	10	10	10	10	84	良
44	ZK67—ZK68	48	10	10	8	8	84	良
45	ZK68—ZK69	48	10	10	6	8	82	良
46	ZK69—ZK70	48	10	10	6	10	84	良
47	ZK70—ZK71	44	10	10	10	10	84	良
48	ZK71—ZK72	48	10	8	8	10	84	良
49	ZK72—ZK73	36	10	8	8	8	70	合格
50	ZK73—ZK74	40	8	10	6	8	72	合格
51	ZK74—ZK75	52	8	10	10	10	90	优
52	ZK75—ZK76	52	10	10	8	10	90	优
53	ZK76—ZK77	48	6	10	8	10	82	良
54	ZK77—ZK78	44	6	10	8	10	78	良
55	ZK90—ZK91	48	10	10	8	10	86	优
56	ZK91—ZK92	48	10	10	8	10	86	优
57	ZK92—ZK93	44	10	10	8	10	82	良
58	ZK93—ZK94	40	10	10	8	10	78	良
59	ZK94—ZK95	40	10	10	8	10	78	良
60	ZK95—ZK96	44	10	10	8	10	82	良

（续表）

序号	断面位置	跨孔 CT 成像	岩芯波速	单孔波速	抗渗试验（压水试验）	全景成像	总分	判定结果
61	ZK96—ZK97	48	10	10	8	8	84	良
62	ZK97—ZK98	40	10	10	8	10	78	良
63	ZK98—ZK99	40	10	10	8	10	78	良
64	ZK99—ZK100	44	10	10	8	10	82	良
65	ZK100—ZK1	36	10	10	8	10	74	合格

注：表中第 35,36 行带 * 号数据是综合考虑表 5-14、表 5-23 中所列检测结果的修正值。

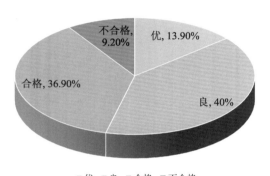

图 5-7　综合评断结果饼图

经统计（图 5-7），评判为不合格的断面有 6 个，占比 9.2%；评判为合格的断面有 24 个，占比 36.9%；评判为良的断面有 26 个，占比 40%；评判为优的断面有 9 个，占比 13.9%。合格以上的断面占比 90.8%，说明本次施工质量良好，对于不合格的测试断面应进一步分析原因，有针对性地提出加固和监测等防范措施。

65 个断面综合评判结果如图 5-8 所示。

6 个不合格断面分别为：ZK1—ZK2，ZK2—ZK3，ZK11—ZK12，ZK30—ZK31，ZK35—ZK36，ZK36—ZK37。应结合场地地质条件和设计、施工情况，查明不

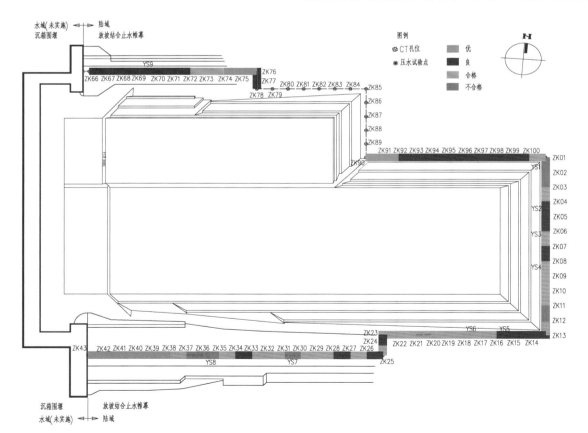

图 5-8　综合评判结果平面位置图

合格断面产生的可能原因,并提出针对性的加固措施。

5.4.5 不合格断面原因分析

经与场地勘察报告、止水帷幕体设计方案和施工记录等对比,不合格断面 ZK1—ZK2、ZK2—ZK3、ZK11—ZK12 均位于止水帷幕拐角处附近,处于施工质量控制难点和重点位置,同时钻孔 ZK11 处土层较厚,土层不均,成桩质量较差;不合格断面 ZK30—ZK31 处土层较厚,钻孔 ZK31 成桩质量较差,风险点达到 3 个;不合格断面 ZK35—ZK36、ZK36—ZK37 为土石围堰与地下连续墙连接部位,搅拌桩与地下连续墙在施工搭接上出现结合不紧密的问题。特别是 ZK36 钻孔全景成像显示,该处搅拌桩成桩质量较差,孔壁存在连续的裂隙、空洞,可以直观地判断此处可能为渗漏风险点。

图 5-9 列示的是 6 个不合格断面检测图像,其中颜色和数字代表不同的波速(单位为 m/s)。

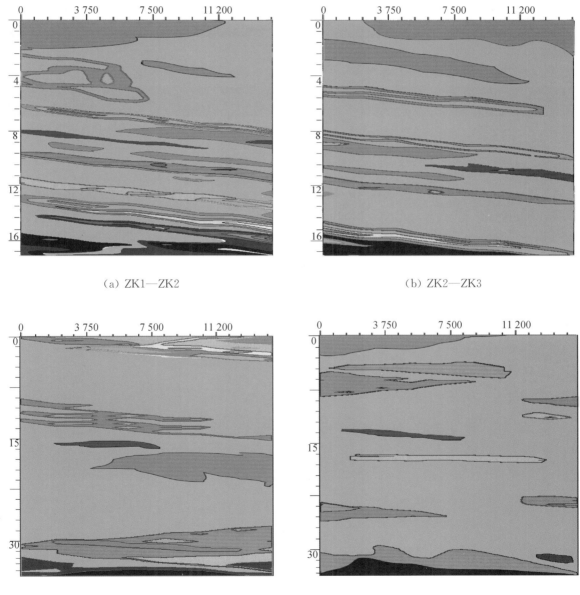

(a) ZK1—ZK2   (b) ZK2—ZK3

(c) ZK11—ZK12   (d) ZK30—ZK31

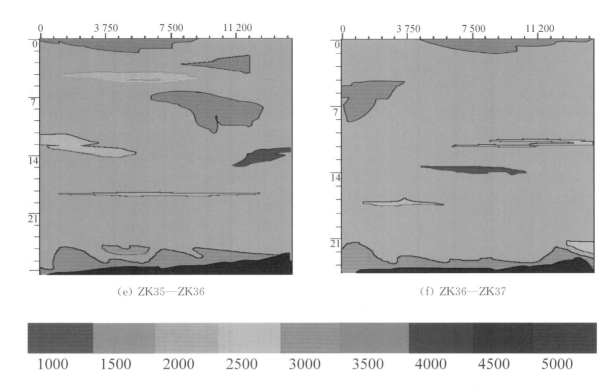

图 5-9 　不合格断面声波 CT 成像检测图

尽管本次检测发现存在 6 个不合格断面,但未出现极差的测试断面,考虑到不合格的断面 ZK1—ZK2、ZK2—ZK3、ZK11—ZK12、ZK30—ZK31 均位于陆域一侧,地层含水量有限,地下水补给也有限;ZK35—ZK36、ZK36—ZK37 两断面位于土石围堰处,墙体较厚,而且止水帷幕只是施工临时防护措施。为此,对 6 个不合格断面的处理措施建议为加强此处的边坡体位移监测和开挖时的渗漏情况监测,暂不采取加固措施。

6 基坑开挖与渗漏监测结果的对比分析

6.1 基坑开挖施工概况

1. 施工工艺

开挖主要是分区分层进行。开挖时保持边坡底部不积水,降低对坡面的扰动。基坑分区如图 6-1 所示。

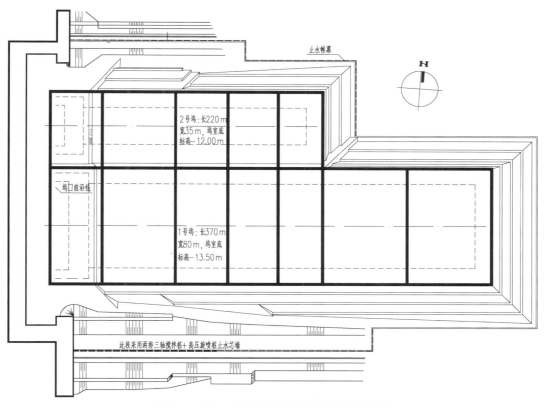

图 6-1 基坑土石方开挖分区平面布置示意图

2. 下坞通道

临时下坞通道上部宽 10 m,设计坡比 1∶10,边坡 1∶1.5,路面采用 70 cm 厚基坑开挖石碴路面,满足施工过程中施工设备通行的需求。开挖过程中,临时下坞通道采用分层往前延伸方法。临时下坞通道南侧东、西两边的长度约为 200 m,按 100 m 设置一平台,平台宽 3 m,长 15 m,在通道两侧布置。如图 6-2、图 6-3 所示。

本基坑工程临时下坞通道布置按 2 个阶段进行:第 1 阶段共设置 4 条临时下坞通道,1 号、2 号坞各设置 2 条通道,满足前期可挖运土石的快速开挖转运,并开挖到需爆破的岩层;第 2 阶段取消 2 号坞处临时下坞通道,只保留1号坞处的临时下坞通道,2号坞处的土石方通过1号坞处的临时下坞通道外运。岩层从山侧向海侧倾斜,即由北向南倾斜,在1号坞坞尾南侧位置,基坑开挖地质为土层,不需要石方爆破,将1号坞临时下坞通道布置在1号坞基坑南侧,可以减少对爆破的影响。后期在南侧土石围堰内侧预留区域修建一条永久下坞通道,既满足剩余土石方出运坡度及通道的要求,又不影响坞室的整体开挖。当2号坞临时下坞通道延伸到约−3 m到需爆破的岩层处,临时下坞通道停止延伸,2号坞场内便道顺着临时下坞通道往前延伸,尽可能地取土,直到无法满足车辆通行或露出岩层时,即可取消2号坞处的临时下坞通道。1号坞南侧中间的临时下坞通道不满足1∶10的坡度要求时,即可取消此处的临时下坞通道。

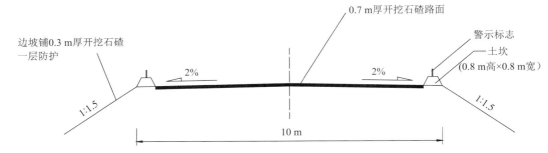

图6-2 下坞通道典型横断面图

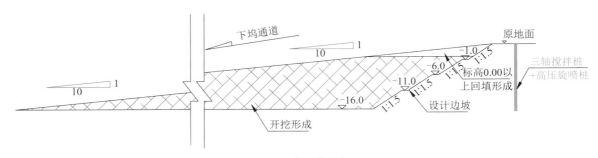

图6-3 下坞通道纵断面图

3. 基坑内临时道路

基坑内临时道路布置在基坑两侧,随每层开挖修筑,便道宽度约为7 m,纵坡不大于1∶12。

4. 土石方开挖施工

(1)基坑开挖原则

基坑开挖坚持"分段、分层、随挖随支护"的原则。机械开挖至坑底以上0.3 m处时,余下土方采用人工配合机械修底方式挖除,减少对坑底岩层的扰动。

将基坑内开挖分区和临时排水结合起来,基坑内排水采用明沟加集水坑方式排水,分层开挖,分层排水。

(2)1号坞基坑土石方开挖

临时下坞通道修筑到需开挖的分层标高时,在场内沿基坑边修筑便道,向坞室东、西两个方向竖向分层、纵向分段、后退开挖,及时进行边坡防护,减少基坑无防护区域及暴露时间。开挖分段长度约50 m,分层厚度小于3 m,横向采用先中间后两边的开挖方式。基坑内土石方开挖到设计标高后,挖除临时下坞通道。

(3)2号坞土石方开挖

临时下坞通道修筑到需开挖的分层标高时,在场内沿基坑边修筑便道,采用施工方向由坞室西向东竖向分层、纵向分段、后退开挖的方式进行。由于岩层由陆侧向海侧倾斜,基坑内可修筑便道分层后退开挖。开挖分段长度约60 m,分层厚度小于3 m,横向采用先中间后两边的开挖方式。2号坞临时下坞通道挖除后,土石方沿 1 号坞临时下坞通道出运到指定的地点。

（4）土石方调配

本工程弃渣堆存场地及运距如下：船坞工程坞墙间回填料约 38 万 m³,就近堆存,运距 1 km 以内,堆高至现有地面以上 6 m；六道湾房建区域回填料约 32 万 m³,回填区域内推平,运距 4.3 km；剩余可用方量约 39 万 m³,回填至内村场地,运距 1 km 以内。

6.2 渗漏监测

在基坑开挖到中后期发现有 10 处渗漏点,渗流量监测点选在已存在的渗流处,共布设了 10 个监测点,在渗水处插入长约 30 cm、直径 3 cm 的导管。

1. 渗漏量监测

渗流量观测点设置在围堰体与其他围护体接合处,直接了解坑内渗流变化。根据渗水条件,直接在渗水部位观测或将渗水汇集后进行观测。

根据本项目的止水帷幕形式及特点,基坑内渗流量采用容积法观测,容积法观测需采用导流管将渗流水引入测量容器内(如量筒等),测定渗流水容积和充水时间(量筒体积一般为 2 L,观测时间为 0.1 s,充水达到量筒最高刻度读取时间),即可求得渗流量。

2. 渗漏监测成果

渗漏点平面位置分布如图 6-4 所示。10 个渗漏点可分为两类：6 个大渗漏点位于检测到的 4 个不合格区域和两处沉箱围堰与土石围堰接合处,渗流点主要分布于坑底和与坑底相连的平台,大多呈散流状,6 个渗漏点的累加日渗水量相对稳定,基坑底板施工完成前,日渗水量为 650~750 m³。底板施工完成后,日渗水量为 450 m³ 左右。4 个渗流点位于坑底以上的桩体上,呈点、线状渗流,累加日渗流量由施工初期的 30~50 m³ 逐渐减小到后期的 10~15 m³。

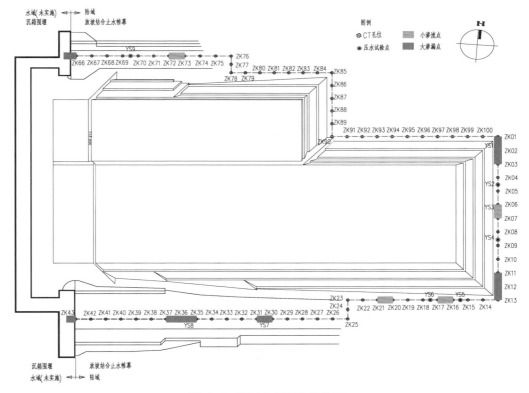

图 6-4 渗漏点平面位置分布

6.3 渗漏监测与检测预报的对比分析

经平面位置对比分析,本次检测综合评判结论为不合格的 6 个断面与实际施工发生渗漏的区域基本吻合,渗漏点除 2 处沉箱围堰与土石围堰接合处外,其他 4 个渗漏点与检测为不合格的 4 个区段基本一致。4 个渗流区域也在检测结果被评判为合格区域内,证明本次检测结果具有实践意义。

本次检测结果显示防渗止水系统质量整体评判结果以合格或优良为主,且优良率高,实际开挖后,仅局部存在轻微渗漏,整个基坑日渗流量小于 800 m³。

实际施工过程中施工单位通过排水沟加集水坑明排水的方式解决本基坑轻微渗漏问题,证明本次防渗止水系统工艺选型和现场施工是成功的、经济的,渗漏问题可控,满足基坑内干施工条件要求。施工现场实景照片如图 6-5 所示。

图 6-5   施工现场实景照片

通过本章的对比分析，得到如下结论：

（1）通过基坑开挖前止水帷幕体的防渗性能检测预报，基坑开挖过程中渗漏、渗流点的监测，检测所预报的不合格区域发生了轻微渗漏，而且渗漏点基本位于基坑坑底处，说明桩体下半部质量控制较难，地层变化影响较大，是防渗止水设计和施工的难点和重点。4 个出现在坑底以上桩身位置的渗流点，说明桩体施工存在质量缺陷，尽管检测结果均为合格，但仍然存在防渗薄弱点。

（2）现场渗漏监测表明，6 个渗漏点的累加日渗水量相对稳定，基坑底板施工完成前，日渗水量为 $650\sim750\ m^3$。底板施工完成后，日渗水量为 $450\ m^3$ 左右。4 个渗流点累加日渗流量由基坑施工初期的 $30\sim50\ m^3$ 逐渐减小到后期的 $10\sim15\ m^3$。整个基坑渗漏量较小，处于受控状态。

（3）在开挖施工过程中，施工单位通过排水沟加集水坑的明排水方式，解决了本基坑的轻微渗漏问题，证明本次防渗止水系统工艺选型和现场施工是成功的、经济的，渗漏问题可控，满足基坑内干施工条件要求。

（4）本项工程实践证明，本次检测工作所得到的结论是可靠的，检测方法可应用于类似项目，具有广阔的推广应用前景。

7 结论与展望

7.1 结论与创新点

三亚某基地船坞基坑工程自 2017 年开工以来,防渗效果检测咨询研究小组历时 4 年多通过对防渗止水帷幕体成桩过程监控、施工质量室内试验、原位测试与检测,检测结果综合评判,开挖过程的渗漏情况对比研究,以及渗漏点的处理建议等工作,获得了临海复杂地质条件下入岩深基坑在防渗止水系统设计、施工质量控制、施工质量检测和渗漏点处理等理论研究成果和实践经验,为类似地质条件下的基坑工程、基础工程设计和施工在防渗止水方面积累了宝贵的实践经验,提供了可资参考的工程案例。

7.1.1 结论

通过研究,本书得到如下主要结论。

1. 场地地质条件研究

通过场地地质条件研究,寻找合适的施工方法,并获得如下认识:

(1)根据拟建场地岩土工程勘察报告,建设场区现场勘察钻孔揭露的场地岩土体从上到下分为 4 大层 13 亚层,并且详细测算评价了各个土层的物理力学指标。从整个场地地层特征分析,场区岩土工程条件复杂,岩种种类多,特殊性岩土(珊瑚碎屑、珊瑚礁灰岩和黏土质蚀变岩)分布广泛,基岩埋深变化大,基岩与上覆风化层的交接面起伏大、土体松散、渗透性强。

(2)拟建基坑工程的围护体结构形式可采用三轴搅拌桩加高压旋喷桩复合结构体,三轴搅拌桩可以对基岩面以上土体进行加固,高压旋喷桩对基岩与上覆风化层交接面进行加固,并搭接三轴搅拌桩与基岩。根据取得的桩芯可知,三轴搅拌桩在珊瑚礁砂地区的地质条件下完全可行,可以形成有效的基坑防渗止水帷幕体。

(3)影响围护体防渗止水效果在地层组成上的主要因素是:地层组成的不均匀性、土层与基岩交接面以及基岩面起伏较大。这些因素在编制施工质量检测方案时要特别注意,检测结果要与钻孔断面相对比,分层对比分析。

(4)场地勘察时因钻孔布设不均匀,对基坑西南角坡地冲积沟未查明,导致该处变形位移较大,所以,施工期间,当发现地质条件异常时,应及时进行施工勘察,根据施工勘察结论及时复核、完善围护结构体各项设计,及时消除因勘察工作不足所带来的隐患。

2. 基坑工程陆域围护设计方案和施工方案研究

施工方法通过设计转化为具体方案,又通过施工方案的实施实现理论研究的工程作用,而施工质量检测既是对施工工艺、施工参数和施工质量控制措施的检验,也是对设计方案科学合理性的检验。

在设计方案中,应明确如下检测重点:①防渗止水帷幕体的角点、长边中心部位等;②在平面上地层条件不同区段及变化处,在剖面上地层交接面,特别是基岩与上覆土层交接面。

为有效实施基坑防渗止水系统施工质量检测,充分掌握、理解防渗止水系统设计方案、施工组织设计是必要的基础条件。针对本场地质条件、周边环境和基坑开挖深度,分析基坑防渗止水系统设计的合理性、科学性和可行性,了解防渗止水系统检测的设计要求,分析施工工艺、施工参数设计的合理性,明确检测的重要区域和工作重点。

在施工方案中,应明确如下检测重点:①施工起始点、终止点,以及施工过程中产生的接缝处;②不同施工工艺、施工参数变化处;③施工过程中出现的异常处,如机械故障处,停电、停水故障处,等等。

3. 基坑防渗止水系统检测方案编制研究

本研究首先开展检测方法的研究,根据科学、合理、经济和可实施的原则,选择有针对性、相互验证的检测方法来对本工程施工质量进行检测。通过研究,认为:

(1)选择点状检测方法(室内岩芯波速测试、岩芯抗渗试验)、线状检测方法(室外单孔波速测试、钻孔全景成像和压水试验)和面状检测方法(跨孔波速 CT 成像)等来综合评判防渗止水帷幕体的施工质量能起到全周长、全断面检测施工防渗止水的效果。

(2)通过钻孔取芯芯样的地质定性描述、室内岩芯波速测试、压水试验等,获得波速与土体渗透性的相互关系,可为跨孔波速 CT 成像测试提供施工质量评判的波速区间划分的依据。

(3)本次采用跨孔波速 CT 成像技术对防渗止水系统进行大范围检测还缺乏先例可循,如何合理确定检测孔孔距、检测点点距,如何确定声波波速背景值等问题均有待探索;检测方案如何体现场地地质条件、基坑围护设计特征,如何反映施工工艺和施工参数变化,既要保证检测方案的合理性、有效性,又要体现经济性、可行性,本检测方案的编制为类似大型止水帷幕系统的止水效果检测探索出经济、科学的检测方法和可靠的检测设计方案做出了有意义的探索工作,所获得的成果和经验可资参考。

4. 基坑防渗止水系统施工质量检测具体实施技术要求的研究

本书的核心内容是通过跨孔波速 CT 成像技术对防渗止水帷幕进行全周长、全断面检测,为此,对检测的每个环节均提出技术要求。包括:①检测孔成孔技术要求;②跨孔波速 CT 成像检测的技术要求;③检测成果分析和综合成果提交的技术要求。

这些要求针对性性强,确保检测方法能得到有效实施,取得了满意的检测效果,实现了检测目的。

5. 各种检测方法检测结果分析

通过六种检测方法对本项目施工质量进行检测,得到如下结论。

(1)单孔波速测试

① 水泥土搅拌桩桩身单孔波速测试所得的波速集中在 1 500~2 000 m/s 之间,桩端进入基岩的波速均大于或接近 3 000 m/s。单孔波速所检测的 67 个钻孔中,有 15 个钻孔(占比 22.4%)含有声波波速小于 1 000 m/s 的低波速区,造成低波速孔的原因在于:6 个单孔主要受施工参数影响,3 个成片孔主要受地层影响,这些孔位存在渗漏风险。

② 将测试曲线含有波速小于或接近 1 000 m/s 的区段定义为风险点,是利用单孔波速检测桩体防渗止水效果的主要指标。从统计结果来看,零风险点的测试孔 52 个,占比 77.6%,说明本次施工质量整体良好。

(2)岩芯波速测试

① 岩芯实测波速在 692~4 046 m/s 之间,平均波速为 2 002 m/s;对比声波 CT 波速数据,可以发现,除基岩外的桩身声波 CT 波速基本在 1 177~3 714 m/s 区间内,岩芯试块波速大于单孔测试的波速,符合一般规律。岩芯试块波速大于 1 500 m/s 的点位有 166 处,占比 82.6%,表明桩身强度大部分较好。受土层性质影响,岩芯波速在同一测试孔的不同深度的波速不一,各段强度不一,均匀性较差,反映地层变化对波速影响较大。

② 岩芯试样的波速测试结果受取芯所处位置影响较大,位于基岩内的试样波速大于 3 000 m/s,

而位于基岩面以上的土体岩芯试样波速一般小于 2 000 m/s,位于基岩交接面处试样的波速在2 000~2 500 m/s 区间,说明土层与基岩交接面处加固效果良好,施工质量较稳定。

③ 结合对应深度处单孔声波波速测试结果,估算得到不同深度范围内的桩体完整性系数 K_v 在 0.30~1.00 之间,平均值为 0.89。钻孔内桩体完整和较完整的有 60 孔,占比 89.5%,说明止水帷幕整体施工质量良好;有 6 孔桩身较破碎,有 1 孔桩端部位较破碎,占比 10.5%。

（3）声波 CT 成像检测

① 各断面桩身波速平均值在 2 009~2 417 m/s 之间,水泥土搅拌桩桩身密实度较高,波速等级以较高和中等为主。

② 桩身波速离散度在 9.9%~29.2% 之间。整体来讲,桩身波速离散程度相对较小,离散程度以较小到中等为主,占比 89.3%。说明本工程成桩质量较为均匀,与波速测试结果相验证。

③ 在所检测的 65 个断面中,共有 15 个断面不存在波速低于 1 500 m/s 的低波速缺陷区;其他 50 个断面均存在波速低于 1 500 m/s 的缺陷区,缺陷区分布面积占比以较小、中等和较大为主,断面缺陷区分布相对均匀。

④ 经综合对比研究发现,综合评分小于 36 分的有 5 个断面,占比 7.7%;大于或等于 36 分的断面有 60 个,占比 92.3%。说明本次施工质量较好。

（4）钻孔全景成像

① 67 个检测孔桩身完整和存在轻微缺陷的孔数为 62 个,占比 92.5%,桩身密实、均匀,说明本次施工质量良好,防渗止水效果良好。

② 存在中等缺陷测试孔有 4 个,桩身基本完整,局部有小空洞分布,存在较小渗漏风险;存在较大缺陷测试孔有 1 个,存在较大裂隙、空洞,有较大渗漏风险,应加以重视。

③ 通过钻孔全景成像检测,可以直观、清晰地看出桩身密实程度和均匀性,可查看桩端成桩质量,可抽样检测成桩质量。

（5）压水试验与抗渗试验

可以统一考虑这两个试验结果来评判桩体防渗止水效果。

① 由检测结果可知,压水试验各试验段桩体渗透系数范围为 9.86×10^{-7}~7.35×10^{-5} cm/s。桩体具有良好的防渗性能,满足基坑防渗止水效果。

② 所检测的 9 孔(36 段)压水试验中,有 5 孔(7 段)的岩体渗透系数大于或等于 3.0×10^{-5} cm/s,位置出现的深度范围在 12~18 m 之间以及桩身下部土层与基岩接合部。根据场地地质勘察报告,12~18 m 深度范围内多为砂土与淤泥质土,土体力学性能较差,出现 2 段桩身防渗薄弱点,占比 28.6%;而桩身与基岩接合部属于桩身薄弱处,这些部位是防渗相对薄弱点,占比 71.4%,说明桩端与基岩接合部位是渗漏薄弱点。

③ 根据室内抗渗试验,本次施工质量良好,86.6% 的测试孔抗渗效果良好;13.4% 的测试孔为防渗相对薄弱点。综合利用压水试验和抗渗试验结果,可评判止水帷幕的防渗性能。

（6）波速相关性研究

① 岩芯波速与其对应位置单孔波速数据相关性较强,相关系数为 0.690,标准误差为 328.02。盖因二者针对性较强,均为对单根止水桩的测试成果。二者相关性较强,也说明本次岩芯波速测试和单孔波速测试的效果良好,可以有效反映成桩质量的优劣。

② 岩芯波速测试、单孔波速测试与声波 CT 测试结果的相关性相对较差,是因为前两者为针对单根止水桩的测试成果,声波 CT 测试为间距 30 m 的两个钻孔之间的所有止水桩的综合成果。这也进一步说明,综合利用各种测试成果是必要的,也是避免误判、错判的有效途径。

③ 根据压水试验数据,并结合跨孔声波 CT 成像检测结果,可以得到波速与岩体渗透性能的关系。随着波速增大,渗透系数减小,桩身质量提高,说明通过跨孔波速 CT 成像测试结果分析可以评

价岩体渗透性能,当波速小于 1 500 m/s 时,是防渗相对薄弱点。

6. 检测结果综合评判研究

(1)经综合评判:不合格的断面有 6 个,占比 9.2%;合格的断面有 24 个,占比 36.9%;良的断面有 26 个,占比 40%;优的断面有 9 个,占比 13.9%。合格以上的断面占比 90.8%,说明本次施工质量良好,证明本次止水帷幕工艺选型和施工是成功的。

(2)经与场地勘察报告、止水帷幕体设计方案和施工记录等对比,不合格断面 ZK1—ZK2、ZK2—ZK3、ZK11—ZK12 均位于止水帷幕拐角处附近,处于施工质量控制难点和重点位置,同时钻孔 ZK11 处土层较厚,土层不均,成桩质量较差;不合格断面 ZK30—ZK31 处土层较厚,钻孔 ZK31 成桩质量较差,风险点达到 3 个;不合格断面 ZK35—ZK36、ZK36—ZK37 为土石围堰与地下连续墙连接部位,搅拌桩与地下连续墙在施工搭接上出现结合不紧密的问题。特别是 ZK36 钻孔全景成像显示,该处搅拌桩成桩质量较差,孔壁存在连续的裂隙、空洞,可以直观地判断此处可能为渗漏风险点。

(3)不合格断面处理建议

尽管本次检测发现存在 6 个不合格断面,但未出现极差的测试断面,考虑到不合格的断面 ZK1—ZK2、ZK2—ZK3、ZK11—ZK12、ZK30—ZK31 均位于陆域一侧,地层含水量有限,地下水补给也有限;ZK35—ZK36、ZK36—ZK37 两断面位于土石围堰处,墙体较厚,而且止水帷幕只是施工临时防护措施。为此,对 6 个不合格断面的处理措施建议为加强此处的边坡体位移监测和开挖时的渗漏情况监测,暂不采取加固措施。

7. 检测预报与现场监测研究

(1)通过基坑开挖前止水帷幕体的防渗性能检测预报,基坑开挖过程中渗漏、渗流点的监测,检测所预报的不合格区域发生了轻微渗漏,而且渗漏点基本位于基坑坑底处,说明桩体下半部质量控制较难,地层变化影响较大,是防渗止水设计和施工的难点和重点。4 个出现在坑底以上桩身位置的渗流点,说明桩体施工存在质量缺陷,尽管检测结果均为合格,但仍然存在防渗薄弱点。

(2)现场渗漏监测表明,6 个渗漏点的累加日渗水量相对稳定,基坑底板施工完成前,日渗水量为 650~750 m³。底板施工完成后,日渗水量为 450 m³ 左右。4 个渗流点累加日渗流量由基坑施工初期的 30~50 m³ 逐渐减小到后期的 10~15 m³。整个基坑渗漏量较小,处于受控状态。

(3)在开挖施工过程中,施工单位通过排水沟加集水坑的明排水方式,解决了本基坑的轻微渗漏问题,证明本次防渗止水系统工艺选型和现场施工是成功的、经济的,渗漏问题可控,满足基坑内干施工条件要求。

(4)本项工程实践证明本次检测工作所得到的结论是可靠的,检测方法可应用于类似项目,具有广阔的推广应用前景。

7.1.2 创新点

本研究创新点可以总结为:发明了一项专利,完成了一项基坑防渗止水系统施工质量检测工作,确保了某基地船坞基坑工程的施工在干燥条件下顺利完成。

1. 获得一项基坑防渗止水帷幕体施工质量检测的发明专利授权

在查阅大量文献和分析研究的基础上,针对本工程场地地质条件和设计、施工方案,为检测施工质量,申报并获得授权发明专利《一种垂直复合帷幕体施工质量检测方法》(专利号:ZL201510260196.2)一项,为施工质量检测提供了理论依据和具体实施方法。

2. 成功实施了某基地基坑防渗止水系统的检测

某基地船坞基坑工程开挖面积大,开挖深度深,临海而且位于珊瑚礁岩场地地质条件下,防渗止水帷幕施工质量是确保基坑安全的首要因素。为此,根据上述发明专利,结合场地地质条件,结合设计方案和施工组织方案,有针对性地编制了详细的检测方案,并在实施过程中加以完善。对检测结果进行分析,并与开挖后的基坑渗漏情况进行对比,验证了本检测方法的合理性和有效性。在此基础上,积累了利用声波CT成像检测技术检测搅拌桩加高压旋喷桩施工质量的具体操作经验,为类似工程项目检测提供了可资参考的工程案例。

7.2 展望

7.2.1 进一步研究建议

尽管本次研究在事前做了大量准备工作,实施前也认真编制了检测方案,研究了场地地质条件,比选了检测方法,但在研究过程中仍然存在不少需要进一步改进的工作。

1. 充分掌握场地地层条件

场地实际地层分布对止水帷幕体设计、施工和质量检测均有较大影响。本次研究过程中虽然重视此问题,但在地质剖面分析、测试钻孔钻探过程中岩芯描述、场地标高比对,特别是波速比对分析过程中没有严格依据原地层来解释波速变化,如每个钻孔基岩面的确切位置等,这给本研究成果带来了较大的遗憾。建议今后研究中应注意以下问题:

(1)在场地开展岩土工程勘察时,应开展场地典型地层的单孔波速测试,为施工加固后土体波速提高幅度分析提供背景值。

(2)结合BIM等数据化技术,将地层、围护体边界和施工参数等数据信息结合起来分析检测结果,使地理、地质信息与检测技术相结合,快速、准确评判施工质量。

2. 全面、完整地收集过程资料

受各种因素影响,本次研究在资料收集方面还存在很多缺陷,如防渗止水体系施工过程异常情况及处理结果等资料、详细的基坑渗漏监测资料、基坑渗漏与海水水位变化关系资料等。这些资料的收集不全影响了分析结果的全面性和合理性。希望在今后的工作过程中加以重视和改进。

3. 深度融合理论研究成果

各种检测方法都有其合理性和先进性,也存在其不足。如何进一步融合各种检测方法的检测结果,给出综合、合理、能相互验证的检测评判结果是今后进一步研究的主要工作。这既需要开展理论方法研究,又要开展综合评判体系研究,最后获得一个综合信息技术、科学评判体系等自动化程度高、能自优化、快速的检测评判与对策决策系统,方便施工质量检测工作的自动化、信息化和高效化。

7.2.2 应用展望

我国拥有广袤的蓝色海洋国土,特别是南海地区,分布有大量的岛礁。随着我国经济实力的增强,如何进一步开发建设和保卫我国固有的这片领土,是科技研究和工程建设工作者们责无旁贷的历史使命。本次研究尽管是初步尝试,但研究成果可以在类似地层条件下得到推广应用:

(1)临海含珊瑚碎屑地层条件下的基坑防渗止水系统施工质量检测,可以检测判断防渗止水系统的防渗止水效果;可以对类似地质条件下的基础加固施工质量进行检测,检验地基加固的均匀性和提高加固后的地基承载力设计值的可靠性。

(2)吹填珊瑚礁砂以建设岛礁来扩大岛礁使用面积,促进岛礁生长是目前岛礁建设的常用方法,对吹填珊瑚礁砂的加固处理、岛礁内进行基坑工程施工等均遇到施工质量检测问题,本研究成果和发明的检测方法可以推广运用到此类岛礁工程上。

实践的需要是推动理论研究和工程技术发展的强大动力,相信本研究成果随着南海及类似地质条件地区工程建设的发展必将得到完善和广泛应用,作出其应有的贡献。

参考文献

[1] 施利斌,施振东,李淳学,等.某工程超深旋喷桩止水帷幕的质量检测[J].浙江科技学院学报,2014,26(3):219-223.

[2] 宋兵,徐明江.压水试验在止水帷幕止水效果评价中的应用[J].广州建筑,2018,46(1):23-27.

[3] 宋兵,徐明江.局部抽水试验在止水帷幕止水效果评价中的应用[J].资源环境与工程,2019,33(1):93-97.

[4] 冯雨润之.北京某地铁站基坑降水数值模拟与沉降研究[D].北京:中国地质大学(北京),2015.

[5] 中华人民共和国水利行业标准.水利水电工程钻孔压水试验规程:SL 31—2003[S].北京:中国水利水电出版社,2003.

[6] 中华人民共和国电力行业标准.水电水利工程钻孔压水试验规程:DL/T 5331—2005[S].北京:中国水利水电出版社,2005.

[7] 赵志伟,徐旺敏,傅琼华.高密度电阻率法在土坝渗漏检测中的应用[J].江西水利科技,2011,37(4):266-268.

[8] 李富,刘树才,曹军,等.高密度电阻率法在工程勘察中的应用[J].工程地球物理学报,2006,3(2):119-123.

[9] 肖康,朱跃华,杨五喜,等.物探法在汉江蜀河水电站围堰渗漏部位探测中的应用[J].西北水电,2009,2:11-14.

[10] 汤浩,谢蒙,许进和.高密度电法在水文地质和工程地质中的应用[J].人民珠江,2011(增刊1):39-41.

[11] 李银真.高密度电阻率法物探技术及其应用研究[D].阜新:辽宁工程技术大学,2007.

[12] 张庚,先国,汪楷洋,等.高密度电阻率法在工程勘察中的应用[J].工程地球物理学报,2006,3(2):119-123.

[13] 胡雄武,张平松,江晓益.并行电法在快速检测水坝渗漏通道中的应用[J].水利水电技术,2012,11(43):51-54.

[14] 马在田.计算地球物理学概论[M].上海:同济大学出版社,1997.

[15] 王士鹏.高密度电法在水文地质和工程地质中的应用[J].水文地质工程地质,2000,27(1):52-55.

[16] 郭铁柱.高密度电法在崇青水库坝基渗漏勘察中的应用[J].北京水利,2001(2):39-40.

[17] 刘宾,李洪德,赵明杰.高密度电法在地下防渗墙检测中的应用[J].华北地震科学,2004,22(4):50-52.

[18] 彭第,王伟.高密度电法在防渗墙检测中的应用[J].大坝与安全,2009,5:45-48.

[19] 张瑾,叶盛.基于实测数据的围护结构渗漏风险辨识[J].岩土工程学报,2008,30(1):667-671.

[20] 查甫生,刘松玉.土的电阻率理论及其应用探讨[J].工程勘察,2006,5:10-15.

[21] 刘松玉,查甫生,于小军.土的电阻率室内测试技术研究[J].工程地质学报,2006,14(2):216-222.

[22] 刘国华,王振宇,黄建平.土的电阻率特性及其工程应用研究[J].岩土工程学报,2004,26(1):83-87.

[23] 查甫生,刘松玉,杜延军.土的电阻率原位测试技术研究[J].工程勘察,2009,1:18-23.

[24] 郭秀军,刘涛,贾永刚.土的工程力学性质与其电阻率关系实验研究[J].地球物理学进展,2003,18(1):151-155.

[25] 龚晓南,焦丹,李瑛.黏性土的电阻计算模型[J].沈阳工业大学学报,2011,33(2):213-218.

[26] 肖衡林,周锦华.渗漏监测技术研究进展[J].中国水运,2007,7(2):87-91.

[27] 陈义群,肖柏勋.论探地雷达现状与发展[J].工程地球物理学报,2005,2(2):1497-155.

[28] 葛双成,江影,颜学军.综合物探技术在堤坝隐患探测中的应用[J].地球物理学进展,2006,21(1):263-272.

[29] 孟庆生,韩凯,刘涛,等.软土基坑隔水帷幕渗漏检测技术[J].吉林大学学报(地球科学版),2016,46(1):295-302.

[30] 丁凯.地质雷达技术在隐蔽工程质检评价中的应用研究[D].长春:吉林大学,2007.

[31] 白冰,周健.探地雷达测试技术发展概况及其应用现状[J].岩石力学与工程学报,2001,20(4):527-531.

[32] LI Y J. Application of chemical tracing experiment technique in leakage detection of hydraulic engineering[J]. Agricultural Engineering and Agricultural Machinery, 2011, 12(9):1385-1387.

[33] 于瑞莲,胡恭任,袁星,等.同位素示踪技术在沉积物重金属渗漏监测技术研究进展[J].中国水运,2007,7(2):87-91.

[34] Jules M B. Using isotopic tracers in lake sediments to assess atmospheric transport of lead in Eastern Canada[J].

Water Air & Soil Pollution，1996，92(3-4)：329-342.

[35] 吴志伟，宋汉周.地下水温度示踪理论与方法研究进展[J].水科学进展，2011，22(5)：733-740.

[36] 董海州，陈建生.利用温度示踪法探测基坑渗漏[J].岩石力学与工程学报，2004，23(12)：2085-2090.

[37] 肖衡林，张晋锋，何俊.基于分布式光纤传感器技术的流速测量方法研究[J].岩土工程，2009，30(11)：3542-3547.

[38] Becker M W，Georgian T，Ambrose H，et al. Estimating flow and flux of ground water discharge using water temperature and velocity[J]. Journal of Hydrology，2004(296)：221-233.

[39] 韩永温，杨丽萍，张青，等.光纤测温技术在渗漏监测中的试验研究[J].勘察科学技术，2013(3)：13-31.

[40] 刘迪，李雪娇，于艳秋.声纳渗流检测于桥水库大坝渗漏点的应用研究[J].河海水利，2013(3)：46-47.

[41] 杜家佳，陆建锋，王震，等.武汉绿地中心深基坑声纳渗流控制技术[J].施工技术，2018，47(1)：6-10.

[42] 朱敏，郭晓刚，董志超.三维声纳渗流探测技术在深基坑工程中的应用——以湖北宜昌庙嘴长江大桥锚碇基坑工程为例[J].人民长江，2015，46(17)：43-45.

[43] 赵丽敏，温森.跨孔波速测试在岩土工程质量检测中的应用[J].科技信息，2011(32)：172.

[44] 夏唐代，林水珍.波速法在防渗墙质量检测中的应用研究[J].沈阳化工学院学报，2000，14(4)：273-276.

[45] 王凡.层析成像技术在某电站围堰防渗墙施工检测中的应用[J].红水河，2019，38(2)：17-20.

[46] 王勇，卢松.声波CT技术在桥墩病害检测中的应用[J].铁道建筑，2013(9)：14-17.

[47] 杜爱明，刘诚.声波CT技术在苏洼龙水电站防渗墙质量检测中的应用[J].四川水力发电，2018，37(6)：137-140.

[48] 文志祥，刘方文.声波CT无损检测技术在混凝土质检中的应用[J].中国三峡建设，2002(7)：18-19，46-47.

[49] 肖国强，刘天佑.声波法在大体积结构混凝土质量检测中的应用[J].工程地球物理学报，2004(5)：430-434.

[50] 张峰.声波法在水利水电工程砼检测中的应用[J].中国高新技术企业，2009(9)：31-33.

[51] 徐晓斌.水泥搅拌桩监测与评价方法研究[D].长春：吉林大学，2006.

[52] 张军，时刚.应用反射波法监测水泥搅拌桩的方案探讨[J].中南公路工程，2005，30(1)：54-57.

[53] 霍继明，莫建云.应用反射波法在深层搅拌桩检测中的应用[J].山西建筑，2004，30(24)：66-67.

[54] 董秀好.水泥土防渗墙全断面无损检测方法研究[D].青岛：中国海洋大学，2005.

[55] 徐继欣，张鸿.高密度电法在粉喷桩加固软基效果检测中的应用[J].公路交通科技，2011(11)：161-163.

[56] 杜立志.瞬态瑞雷波勘探中的数字处理技术研究[D].长春：吉林大学，2005.

[57] 富锡良，巫虹.瞬态瑞雷波法在软土地区地基加固检测中的应用[J].上海地质，2008(1)：53-55.

[58] 葛如冰，许培德.探地雷达在密排搅拌桩质量检测中的应用[J].勘察科学技术，2004(2)：55-57.

[59] 林维正.土木工程质量无损检测技术[M].北京：中国电力出版社，2008.

[60] 王绍彪，汤浩.综合物探方法在探测基坑围堰渗漏中的应用[J].人民珠江，2011(S1)：52-53.

[61] 李瑞有，王鹏霄，王志旺.温度示踪法渗流监测技术在长江堤防渗流监测中的应用初探[J].长江科学院院报，2000(12)：1585-1589.

[62] 周凯.围护结构渗漏水探测技术在地铁工程中的应用[J].山西建筑，2014，40(6)：91-92.

[63] 郝利伟，彭显晓.电渗法在地下连续墙渗漏检测中的应用[J].中国科技信息，2014(12)：40-42.

[64] 吴天凯，刘菊，亓立刚.基于降水井原理的地下连续墙渗漏检测方法[J].天津建设科技，2014，24(5)：12-15.

[65] 庄史彬.自然电位法在基坑检测中的应用[J].西部探矿工程，2004(2)：20-21.

[66] 杜国平，郭建强，黎咏泉，等.南京城际轨道交通宁高线盾构井声呐渗流控制技术应用[J].铁道勘察，2017(6)：61-64.

[67] 张瑾，刘涛，王旭春，等.微测井电法在基坑围护防渗检测中可行性研究[J].岩石力学与工程学报，2017，36(10)：2591-2600.

[68] 王传雷，董浩斌，刘占永.物探技术在监测堤坝隐患上的应用[J].物探与化探，2001，25(4)：294-299.

[69] 吴丰收.混凝土探测中探地雷达方法技术应用研究[D].长春：吉林大学，2009.

[70] 冯嘉楠.软基防渗方案选择及相应检测方法的研究[D].武汉：华中科技大学，2011.

[71] 孙聪.地球物理方法在混凝土连续墙渗漏检测中的应用研究[D].长春：吉林大学，2014.

[72] 高镇.软土地区基坑防水帷幕渗漏隐患地球物理检测技术研究[D].青岛：中国海洋大学，2013.

[73] 赵培龙.超高密度电阻率CT成像方法在地下连续墙渗漏检测中的应用[J].施工技术，2016，45(S1)：208-210.

[74] 段清明，时军伟，吴达.流场拟合原理的基坑渗漏检测系统设计与实现[J].中南大学学报，2016，47(12)：4108-4114.

[75] 何继善.堤防渗漏管涌流场法探测技术[J].铜业工程,2000(1):5-8.

[76] 邹声杰,汤井田,何继善,等.流场拟合法在堤坝渗漏管涌探测中的应用[J].人民长江,2004,35(2):7-8.

[77] 曾波,吕长岩.复杂软土地基地下连续墙渗漏检测技术[J].天津建设科技,2016,26(2):17-19.

[78] 周大永,陈建,李长作.微测井电法在地下连续墙渗漏检测中的应用研究[J].施工技术,2018,47(3):96-100.

[79] 杜家佳,杜国平,曹建辉,等.高坝大库声呐渗流检测可视化成像研究[J].大坝与安全,2016(2):37-40.

[80] 谭界雄,杜国平,高大水.声呐探测白云水电站大坝渗漏点的应用研究[J].人民长江,2012,43(1):36-37.

[81] 魏德荣,赵花城,秦一涛,等.基于光纤温度测量的渗漏监测技术[J].浙江水利科技,2004(2):19-21.

[82] 吴善荀.基于分布式光纤测温的渗漏监测系统研究[D].北京:清华大学,2010.

[83] 宋子龙,王祥,黄斌.基于高密度电法的土石坝渗漏探测技术探讨[J].大坝与安全,2013:38-41.

[84] 郭庆华.高密度电阻率法在堤坝除险加固效果检测中的应用研究[D].青岛:中国海洋大学,2005.

[85] 孙冰.电法检测地连墙渗漏模拟试验研究[D].天津:天津大学,2012.

[86] 郑灿堂.应用自然电场法检测土坝渗漏隐患的技术[J].地球物理学进展,2005,20(3):854-858.

[87] 戴前伟,冯德山,王小平.龚嘴电站大坝渗漏入口部位探测技术[J].水力发电学报,2006,25(3):88-91.

[88] 袁晓彬,马翔,王传宝.示踪剂法测排水井漏水点位置[J].中国水运,2009,9(2):132-147.

[89] 温承永,欧阳锋.探地雷达在混凝土渠渗漏检测中的应用[J].广东土木与建筑,2021,28(2):73-76.

[90] 谢昭晖,陈义军,张辉.水利工程隐蔽病害的探地雷达探测方法[J].工程勘察,2010,38(8):77-81.

[91] 魏光辉,季小兵,胡平.探地雷达技术在希尼尔水库工程中的应用[J].水电站设计,2010,26(1):105-107.

[92] 陈杰,袁哲,黄旸,等.长江冲积一级阶地超深环形基坑渗漏多源检测技术研究[J].城市勘测,2020(6):200-204.

[93] 高大水,陈艳,杜国平.声纳渗漏检测技术在闸坝检测中的应用[J].人民长江,2016,47(5):73-75.

[94] 徐启鹏,倪汉杰,王玥.地下连续墙接缝渗漏检测及防治技术[J].隧道建设,2019,39(S2):372-378.

[95] 李鹏飞.基于流场拟合法的基坑渗漏探测仪设计[D].长春:吉林大学,2013.

[96] 尹超凡,冯艳玲,顾军,等.开挖前地下连续墙接缝声呐渗流检测施工技术[J].施工技术,2016,45(S1):71-75.

[97] 刘迪,李雪娇,于艳秋.声纳渗流检测于桥水库大坝渗漏点的应用研究[J].海河水利,2013(3):46-47.

[98] 王卫国,田开洋,施烨辉,等.声纳探测技术在工程勘察中的应用[J].山西建筑,2015(21):41-42.

[99] 赵亚宇,杨军,卞德存,等.双光热成像技术在大型水池结构渗漏检测中的应用[J].广州建筑,2020,48(1):10-14.

[100] 高杉,宋思文.地下连续墙渗漏缺陷ECR检测技术应用及处理措施[J].施工技术,2019,48(S1):836-838.

[101] 余军军,江超,范磊然.高密度电法在水库渗漏隐患探测中的应用[J].中国水能及电气化,2017(12):17-20.

[102] 秦继辉,吴云星,谷艳昌.高密度电法在于桥水库渗漏隐患探测中的应用研究[J].江西水利科技,2018,44(2):111-118.

[103] 中华人民共和国住房和城乡建设部.岩土工程勘察规范:GB 50021—2001(2009版)[S].北京:中国建筑工业出版社,2009.

[104] 中国工程建设标准化协会.超声法检测混凝土缺陷技术规程:CECS 21—2000[S].北京:中国城市出版社,2000.

[105] 中华人民共和国自然资源部.浅层地震勘查技术规范:DZ/T 0170—2020[S].北京:中国标准出版社,2020.

[106] 中华人民共和国水利部.水利水电工程物探规程:SL 326—2005[S].北京:中国水利水电出版社,2005.

[107] 中华人民共和国住房和城乡建设部.建筑地基检测技术规范:JGJ 340—2015[S].北京:中国建筑工业出版社,2015.

[108] 中华人民共和国住房和城乡建设部.建筑基桩检测技术规范:JGJ 106—2014[S].北京:中国建筑工业出版社,2014.

[109] 中华人民共和国住房和城乡建设部.建筑基坑工程监测技术标准:GB 50497—2019[S].北京:中国建筑工业出版社,2019.

[110] 中华人民共和国水利部.水利水电工程钻孔压水试验规程:SL 31—2003[S].北京:中国水利水电出版社,2003.

[111] 中华人民共和国住房和城乡建设部.建筑与市政工程地下水控制技术规范:JGJ 111—2016[S].北京:中国建筑工业出版社,2016.

[112] 刘国彬,王卫东.基坑工程手册[M].2版.北京:中国建筑工业出版社,2009.

[113] 龚晓南.地基处理手册[M].3版.北京:中国建筑工业出版社,2008.

[114] 中化岩土集团股份有限公司.某船坞围堰工程止水体系质量专项检测检测报告(总报告)[R].2018.

索 引

致　谢

　　本研究是在中国人民解放军海军研究院海防工程设计研究所和中交四航局第二工程有限公司、中交四航工程研究院有限公司、中化岩土集团股份有限公司、江西省勘察设计研究院等单位大力支持下完成的，在此对他们提供场地工程地质勘察、基坑围护设计方案、围护体施工组织设计、跨孔波速CT成像检测成果等资料的无私帮助表示衷心的感谢！同时，感谢三亚工区领导，正是他们的英明决策使本检测发明专利有了实际应用的用武之地，也为本发明的推广应用迈出坚实的第一步。

　　科技进步永远是行走在提出设想、实践验证、完善修正的道路上。希望本研究成果能得到大家的批评和指正，更希望大家能在工程实践中加以推广应用。感谢所有为本研究成果作出奉献的同志！祝愿我国在岛礁地质研究领域不断有新理论、新技术、新方法涌现，为我国海洋工程建设发展贡献科技智慧。